Neurociencia, filosofía y teología: una complementariedad necesaria.

Amadeo Muntané Sánchez

Índice

LA NEUROCIENCIA Y EL ENIGMA DEL CEREBRO

El cerebro humano puede verse como un equipo inmensamente eficaz de autoaprendizaje, autoreparación, y de eficiencia energética. Si pudiéramos entender e imitar la forma en que funciona el cerebro, podríamos revolucionar la tecnología de la información, la medicina y la sociedad. Para ello se puso en marcha el Proyecto Cerebro Humano (The Human Brain Project: HBP). El HBP es una iniciativa europea de investigación del cerebro para el avance de la neurociencia y para elaborar tecnología inspirada en la información cerebral.

Según este proyecto una comprensión integral del cerebro requiere una visión profunda de esta estructura y de su organización que va desde el estudio genético hasta todo el conjunto del órgano y no puede dirigirse únicamente a un solo nivel.

Para conseguir esto, es necesaria una experiencia interdisciplinaria incorporando a la neurociencia disciplinas como la informática, la física y las matemáticas. Por tanto una colaboración científica masiva es imprescindible para reconstruir el cerebro en modelos multinivel. La información moderna y las tecnologías de la comunicación (TIC) permiten los esfuerzos de colaboración necesarios.

La amplia caja de herramientas de las TIC más avanzadas para el reto de descifrar el cerebro humano incluyen plataformas de colaboración y desarrollo con bases de datos para su análisis y servicios informáticos que incluyen supercomputadoras y robots virtuales. Esto implica un desarrollo de software avanzado.

Por consiguiente el HBP pretende un enfoque

radicalmente nuevo de la investigación cerebral. En él que participan equipos internacionales multidisciplinares de científicos. Y prometiendo nuevas herramientas para mejorar las posibilidades de desentrañar los misterios del cerebro. El objetivo es crear un conocimiento más profundo y unificado de cómo funciona el cerebro humano. De este modo, intenta marcar el futuro de la neurociencia, la medicina y la informática. La idea es desarrollar la base para lograr nuevas herramientas de diagnóstico, tratamiento para enfermedades del cerebro, nuevas tecnologías en prótesis para personas con discapacidad, y una nueva clase de tecnologías de la información de baja energía con una inteligencia similar a la del cerebro y, finalmente, una nueva generación de robots inteligentes (Amunts et al. 2016).

Desde esta perspectiva una rama de investigación a considerar es el estudio de las relaciones cerebro-comportamiento. Gracias a este progreso en los métodos de agregación de datos se ha abierto un camino amplio para una caracterización sistemática y multiconceptual de las asociaciones de comportamiento para cualquier región del cerebro (Genon et al. 2018). La Resonancia Magnética Funcional (RMf) ha producido un rápido crecimiento en el estudio de las relaciones cerebro-comportamiento (Rosen y Savoy, 2012), revelando localizaciones de los cambios en la actividad cerebral inducidos por las operaciones mentales. La RMf tiene una mejor resolución espacial y temporal que la Tomografía por Emisión de Positrones (PET) (Raichle, 2009); y, por lo tanto, puede localizar los cambios de actividad durante eventos mentales específicos (Brewer, 1998), como veremos más adelante. Con este progreso tecnológico, los psicólogos cognitivos han obtenido una nueva herramienta para probar y perfeccionar modelos y teorías cognitivas (Henson, 2005). En este marco particular, el enfoque de activación puede considerarse experimental porque permite al investigador manipular libremente una variable independiente (condición de comportamiento) y observar su efecto sobre la variable dependiente (activación cerebral).

Estos trabajos que proporcionan una imagen intuitiva acerca del crecimiento del saber humano, pero se interpretan frecuentemente desde el convencimiento mágico de que estamos a punto de desentrañar el misterio global del cerebro humano. Y así, resulta natural pensar que los secretos del pensamiento humano estarán finalmente a nuestra disposición. Las funciones superiores de la persona quedarán explicadas neurobiológicamente, aunque siga en pie la cuestión relevante ¿soy yo quien activa su cerebro o es el cerebro que me activa a mí?

Uno de las ideas centrales en la que se basa el HBP es que las leyes físicas de la naturaleza son las que permiten explicar cómo es el cerebro y los procesos cognitivos. Muchos autores han expresado diferentes teorías siguiendo este postulado. Como exponente principal tenemos a Antonio Damasio. Este autor pone de relieve que la razón humana depende de varios sistemas cerebrales que trabajan al unísono a través de muchos niveles de organización neuronal, desde las cortezas prefrontales al hipotálamo y al tallo cerebral. La actividad mental, desde sus aspectos más simples a los más sublimes, requiere a la vez del cerebro y del cuerpo. Por tanto el cuerpo tal como está representado en el cerebro proporciona algo más que el mero soporte y el marco de referencia para los procesos neuronales: proporciona la materia básica para las representaciones cerebrales, en definitiva, el cerebro y el resto del cuerpo constituyen un organismo indisociable integrado por circuitos reguladores bioquímicos y neurales que se relacionan con el ambiente como un conjunto, y la actividad mental surge de esta interacción (Damasio, 2006).

Joseph Ledoux ha elaborado una hipótesis general acerca de cómo nuestra esencia individual y subjetiva es producto de la relación entre el sistema límbico (emociones) y los circuitos de la corteza cerebral que controlan procesos cognitivos y motivacionales (Ledoux, 1999). De modo completamente contraintuitivo se da la vuelta a la experiencia ordinaria según la cual somos sujetos libres y protagonistas de nuestra propia historia.

Igualmente para Steven Pinker la mente es un sistema de información y computación que nos permitió, durante el proceso evolutivo, entender los animales, plantas y objetos de nuestro ambiente. Nuestra historia personal, alegrías, tristezas, deseos y frustraciones existen en nuestro cerebro y son productos de la selección natural (Pinker, 2001).

Paul Churchland considera que la existencia de la mente es una primitiva teoría precientífica y que los estados mentales como las creencias, deseos, sentimientos, intenciones no existen realmente. Tal psicología debe ser sustituida por una neurociencia estricta, que parta de la idea de que las actividades cognitivas no son en última instancia nada más que actividades físico-químicas del sistema nervioso. Propone empezar por comprender el desarrollo de las neuronas y su comportamiento físico, químico y eléctrico, y solo después trata de comprender lo que sabemos sobre la actividad cognitiva. Cuando la neurociencia haya alcanzado un nivel de desarrollo en el que la pobreza de nuestras concepciones actuales resulte evidente para todo el mundo, y se establezca la superioridad del nuevo marco de referencia, entonces seremos capaces finalmente de emprender la tarea de volver a pensar nuestros estados y actividades internos dentro de un marco conceptual verdaderamente adecuado. Las explicaciones que nos demos recíprocamente de nuestras conductas tendrán que recurrir a elementos tales como los estados neurofarmacológicos (López, 2010).

Francis Crick afirmaba que la ciencia del cerebro encuentra neuronas y procesos neuronales por todas partes. Todo queda reducido a los átomos químicos (Crick, 1995). Precisamente Crick y Koch esbozaron un modelo estructural acerca de cómo actúan las neuronas para producir la consciencia. El modelo establece que la consciencia correlaciona con una oscilación semisincronizada en la banda de los 40-70 herzios de un subconjunto de neuronas del sistema cortical, de tal forma que las operaciones ocurren, principalmente, en el neocórtex y las estructuras asociadas (tálamo, ganglios basales y claustro), con probable intervención también del paleocórtex -asociado con el sistema olfativo-, mientras que el alocórtex (hipocampo) y el cerebelo no son esenciales en el proceso estricto de la consciencia (Crick y Koch, 1990).

Jack Smart y David Armstrong han propuesto que los procesos mentales son idénticos a los procesos cerebrales. La única explicación de la conducta humana que es posible establecer científicamente es la que se realiza en términos del funcionamiento físico-químico del sistema nervioso central. Las informaciones de los órganos sensoriales son transmitidas al cerebro, en la mente se transforman en experiencias, perspectivas, etc., y posteriormente la mente es capaz de actuar sobre el cerebro desencadenando procesos neuronales. Por consiguiente, los estados mentales son idénticos a los estados puramente físicos del sistema nervioso central y la psicología debe reducirse a la neurofisiología (Armstrong, 1980).

John Searle teoriza que los procesos mentales, conscientes o inconscientes, están causados por procesos cerebrales, pero no se reducen a estos sino que son fenómenos que emergen de los sistemas neurofisiológicos en el largo proceso evolutivo de la especie. Según Searle todos los fenómenos mentales están efectivamente causados por procesos que acaecen en el cerebro y para cualquier fenómeno mental, hay condiciones causalmente suficientes en el cerebro, por consiguiente los fenómenos mentales son solo rasgos del cerebro, es decir, propiedades físicas de alto nivel. En el ámbito físico debemos distinguir entre micropropiedades y macropropiedades. Las micropropiedades son las partículas, sus entrelazamientos, movimientos e interacciones; las macropropiedades serían fenómenos globales como la fluidez o la solidez de los cuerpos. No se puede decir que una molécula de agua sea líquida o sólida, pero sí se puede predicar la fluidez o la solidez de un conjunto de moléculas. En consecuencia, las propiedades mentales solo son características físicas de alto nivel de ciertos sistemas físicos (Searle, 2006).

Hillary Putnam y Jerry Fodor propusieron que los procesos mentales internos son estados funcionales del organismo cuyo órgano no es necesariamente el cerebro. Así, por ejemplo, el dolor no es un estado físico-químico del cerebro o del sistema nervioso, sino un estado funcional del organismo tomado en su totalidad. De este modo, los fenómenos mentales son estados funcionales del organismo y no es posible conocerlos estudiando procesos parciales en los que están implicados, como los procesos cerebrales. Según este argumento, la función puede ser desempeñada por sistemas muy distintos, ya que la naturaleza de sus componentes no es esencial para el correcto desempeño de su función. Una cosa es un reloj o un termostato por la función que realizan y otra el material del que están hechos. Del mismo modo, los deseos son estados de sistemas físicos que pueden estar hechos de diferentes tipos de materiales. Algo es un deseo en virtud de lo que hace y no en virtud de los materiales de los que su sistema está compuesto. No es analizando el sistema sino su función como comprenderemos el proceso (Putnam 1960, Fodor 1980).

Afirmar que la mente es una función puramente neuronal tiene inconvenientes porque existen diferentes aspectos que no acaban de correlacionarse adecuadamente. Es cierto que el sustrato anatómico y neuroquímico cerebral está relacionado directamente con todas las características que componen la mente. Pero no es menos cierto que hay algunas actividades que cuando se pretende establecer su origen de modo puramente neural resulta difícil comprender su propia naturaleza como funciones cognitivas y mentales.

El biólogo Rupert Sheldrake dice que es indiscutible que el cerebro está constituido por una estructura físico-química, pero todo esto no prueba que su función se reduzca únicamente a un sistema sináptico-neuronal. Sheldrake pone una analogía con un radio transistor: «Imagínese que alguien que no sabe nada sobre aparatos de radio ve uno y se queda encantado con la música que sale de él, y trata de entender el aparato. Puede pensar que la música procede totalmente del interior del aparato, como resultado de complejas interacciones de sus elementos. Si alguien le sugiere que realmente viene de fuera, a través de una transmisión desde algún otro lugar, podría rechazarlo argumentando que él no ve entrar nada en el aparato. Tampoco podría medir nada, porque la radio pesa lo mismo encendida que apagada. Y aunque por ahora no entienda, podría pensar que algún día, después de mucho investigar las propiedades y funciones de todas las piezas, logrará entender su secreto. Cuando ese día llegue, no sabrá nada de las ondas de radio, pero pensará que ha entendido el aparato, incluso podrá ponerse a demostrar que lo ha entendido: las piezas son cristales de silicio, hilos de cobre y demás. Conseguirá esas piezas y hará una réplica del transistor por la que salga la misma música. Entonces afirmará: "Ya he comprendido perfectamente esta cosa; he sintetizado un aparato idéntico a partir de sus mismos elementos". Pero ya se ve que el ingenuo imitador no ha comprendido cómo funciona el transistor. Aunque hubiera sido capaz de construir el aparato, aún no sabría nada sobre ondas de radio, y mucho menos sobre música» (Polkinghorne, 2000).

A pesar de las diferentes teorías que se han expuesto, por el momento, no se han logrado explicar los mecanismos neuronales precisos que tienen lugar en el proceso de la conciencia. Es un hecho comprobable que existe un sustrato anatómico y neurobiológico para su desarrollo, lo cual viene avalado por el hecho de que lesiones encefálicas pueden dar lugar a a trastornos de conciencia. Sin embargo, aunque es necesaria la concurrencia del tejido nervioso en la elaboración de la conciencia, esta actividad no puede reducirse únicamente a la función neuronal. Juan Arana pone de relieve que el fenómeno de la conciencia constituye hasta el momento un desafío inabordable (Arana, 2015).

Hay que tener en cuenta que la percepción del tiempo es intemporal y no física. Esto induce a pensar que hay un componente de inorganicidad en el proceso de la conciencia, de hecho, John Eccles se oponía a cualquier intento científico por reducir la conciencia a la actividad neuronal. Eccles decía que la conciencia subjetiva que tenemos de nuestras operaciones mentales no se explica únicamente por una compleja red neuronal funcionante. Para Eccles, el cerebro no es una estructura lo suficientemente compleja para dar cuenta de los fenómenos relacionados con la conciencia y los procesos mentales, por lo que hay que admitir la existencia autónoma de una mente autoconsciente distinta del cerebro, como una realidad no material ni orgánica que ejerce una función superior de interpretación y control de los procesos neuronales. Sostiene que el «yo» actúa sobre el cerebro en unas agrupaciones neuronales ubicadas en el hemisferio cerebral dominante a nivel de las áreas asociativas, las cuales están relacionadas con las demás estructuras cerebrales: la mente recogería e integraría las señales emitidas por el cerebro, y a su vez la mente actuaría sobre estos grupos neuronales y, a través de ellos, sobre los demás. Las informaciones procedentes de los órganos sensoriales son transmitidas al cerebro, pero solo en la mente se transforman en las experiencias perceptivas, que son distintas a los procesos cerebrales (Popper y Eccles, 1977).

El conocimiento, como ha puesto de manifiesto Polo con multitud de argumentos, es una actividad inmanente (Polo 2015). Es un acto por el que cognoscente posee las formas ajenas como ajenas, las respeta y las deja tal como las encontró, pero al conocer las posee de algún modo como objeto. Cuando conocemos un objeto no lo introducimos en el cerebro a través de los ojos, puesto que lo destruiríamos, por lo tanto conocemos la cosa desmaterializada. Por ejemplo, la figura de una manzana, que varias personas ven (sujetos cognoscentes), está presente en estos sujetos no como algo materialmente poseído y que, por tanto, la configure de manera física, sino como figura de la manzana, como forma ajena. Consecuentemente, el conocimiento es la operación por la que en un ser se hace presente la forma de otro, de un modo inmaterial. Por tanto, en el conocimiento la posesión del objeto no es físico-molecular. Si vemos una cosa poseemos su color, su tamaño, su figura, pero no poseemos su realidad material. Captamos sus cualidades y sus formalidades, pero sin la materia que la compone, es decir, en el cerebro esa captación de la realidad carece de una configuración física. Para las cosas ser o no ser conocidas nos les añade ni les quita nada, no las afecta. En cambio, quien conoce sabe algo que antes ignoraba. El conocimiento en sí mismo no es un fenómeno físico aunque dependa de condiciones físicas concretas. Como dice Searle: Las cosas tienen colores cuando las vemos, pero nuestro ver no tiene ningún color. La experiencia visual del verde no es de ninguna manera verde (Searle, 2018).

El conocimiento tiene su origen en la experiencia sensible, en esta etapa se conoce por medio de la experiencia. Con la abstracción comienza el conocimiento intelectual humano. Por tanto, desde la imagen percibida por la acción del intelecto se forma el concepto. Mediante el concepto elaborado, el individuo reproduce la diversidad de cosas, conservando la esencia de lo conocido y no dejándose guiar por el tamaño, forma, color, etc. La inteligencia no es la que retiene las imágenes a diferencia de los sentidos. La inteligencia articula y establece el concepto por la abstracción. El acto de entender un objeto no es imaginárselo, sino que desde la imagen se abstrae lo esencial y se elabora el concepto y esta acción carece de átomos. Un concepto no está formado físicamente en el cerebro. Esto hace comprensible que entre el conocer y lo conocido no haya tiempo, sino simultaneidad, se trata de un acto que, desde el principio, ya ha alcanzado su fin (Corazón, 2002).

La inteligencia es operativamente infinita; no hay un último objeto que sature la inteligencia humana, de tal modo que no se pueda pensar más allá de él. Por ese motivo la inteligencia es una facultad que implica inorganicidad. Si no fuera así, ¿cómo sería posible que teniendo un número finito de neuronas fuéramos capaces de tales operaciones? o incluso ¿cómo podríamos pensar en conceptos como infinito o eterno? Por consiguiente parece razonable que la inteligencia sea una potencia inorgánica, y, por tanto, su acto no puede estar constituido por una actividad sináptica neuronal.

Podemos conocer o entender nuestros actos de conocimiento, es decir, podemos reflexionar. En la reflexión el entendimiento se entiende a sí mismo. Mentalmente podemos ejercer la reflexión, en la cual un ser se vuelve sobre sí mismo y se conoce a sí mismo, esto no consiste en examinar un problema o reflexionar sobre algo, sino en reflexionar sobre sí, o sea, puede decirse que conozco que conozco que conozco (repetición intencionada que indica esta capacidad). Cuando un sujeto entiende una cosa, entiende que entiende esa cosa y al mismo tiempo entiende todo este proceso. El cerebro no puede volverse sobre sí mismo, dado que dos partes físicas no pueden coincidir en virtud de la impenetrabilidad de la materia. Para que un sujeto pudiera tocar su tacto, sería necesario no que una mano tocase a la otra, sino que la mano penetrase en sí misma, cosa imposible. Por tanto, las neuronas no pueden reflexionar sobre sí mismas.

Leonardo Polo afirma que «en la reflexión, el acto de pensar versa sobre el acto de pensar y ninguna cosa se vuelve sobre sí misma de manera que siga siendo en ese volverse» (Polo, 1965): El fuego quema las cosas, pero no se quema ni puede quemarse a sí mismo. Y el fuego pensado no quema nada, pero esa idea me permite manejarlo a mi favor. El pensamiento no se quema en absoluto al pensar el fuego, pero puede seguir pensando y pensando que acaba de pensar en el fuego y luego todavía seguir pensando.

La percepción es un proceso cerebral procedente de nuestros sentidos principales, es decir: vista, oído, olfato, gusto y tacto. Es el primer proceso cognitivo, a través del cual los sujetos captan información del entorno.

La percepción tiene lugar en las áreas corticales cerebrales correspondientes. No obstante, todavía no se ha podido explicar cómo es posible tener la experiencia subjetiva del sabor, color o dolor. No cabe duda de que las redes neuronales son imprescindibles para la experiencia subjetiva de la percepción; pero el interrogante es cómo pasamos de los cambios iónicos y de los circuitos sinápticos a la posibilidad de ver tridimensionalmente, de distinguir los colores, el movimiento. ¿Qué es lo que hace que desde las redes neuronales corticales yo oiga, vea o sienta?

En el movimiento voluntario intervienen diferentes partes del sistema nervioso. En la motricidad voluntaria existe una acción que consiste principalmente en una decisión de la voluntad, con una programación del acto motor y la ejecución del mismo. Para que ocurra un movimiento voluntario debe iniciarse la idea de moverse y la decisión volitiva de hacerlo. Cuando la actividad cortical se desplaza al área motora de la corteza cerebral, se produce la orden ejecutiva para que finalmente a través de la vía piramidal, que pasa por la médula espinal, y de los nervios periféricos se produzca la contracción muscular.

¿Existe algún núcleo nervioso cerebral que sea el responsable de la voluntad del ser humano? Wilder Penfield aplicaba electrodos en diversas localizaciones cerebrales a pacientes que tenían que ser intervenidos y estaban conscientes. Un paciente movió el brazo cuando se estimuló el área cortical motora. Al preguntarle si había tenido voluntad de mover el brazo, respondió que él no había sido, sino que era el doctor quien se lo había hecho mover. Penfield estimulaba las neuronas responsables del movimiento, pero estas neuronas no eran las causantes de la voluntad del movimiento. Penfield buscó algún centro cerebral que al ser estimulado creara la voluntad de mover el brazo; jamás lo pudo encontrar (Gudin, 2001).

La libertad es la característica nuclear del ser personal, de su coexistir. La libertad es una propiedad de la voluntad, capaz de elegir guiada por la razón. Elección, señorío y poder efectivo son muestras de la libertad humana. Se puede hablar de libertad de acción cuando no existen obstáculos que impidan al sujeto realizar sus designios. Soy libre, en este caso, si puedo meterme en un comercio para comprar lo que quiero sin que nadie me lo impida. Además de la libertad de acción, existe también la denominada libertad de querer o libre albedrío, es decir, alguien es libre cuando las decisiones que toma son realmente suyas.

Hay quien afirma que ninguno de los actos de nuestra voluntad es libre, sino necesariamente preestablecido. Nuestra libertad no es más que el resultado de un fenómeno fisiológico del sistema nervioso. Están de acuerdo con el denominado determinismo, el cual declara ilusorias nuestras percepciones espontáneas e intuitivas de que somos libres en nuestras acciones y en nuestra vida. La creencia en la libertad es simplemente una ceguera ante la realidad. El llamado «neurodeterminismo» lleva hasta sus últimos extremos la tesis de que todo el pensamiento y la voluntad del ser humano dependen de la arquitectura y de las correlaciones neurobiológicas de nuestro sistema nervioso. Según la cosmovisión del determinismo físico (según el cual todo fenómeno está prefijado de una manera necesaria por las circunstancias o condiciones en que se produce, y, por consiguiente, ninguno de los actos de nuestra voluntad es libre, sino necesariamente preestablecido), la investigación neurocientífica mostraría que estas características son una ilusión, ya que los procesos neuroquímicos implicados en las funciones cerebrales que están en la base de nuestras acciones están determinados anteriormente de manera causal (Giménez Amaya y Murillo, 2009).

Uno de los experimentos que más han influido en la visión «neurodeterminista» fue el que realizó Benjamin Libet. Puso de relieve que existen unos potenciales corticales de preparación o «anticipatorios» en la denominada corteza motora secundaria que preceden en aproximadamente 350 milisegundos a la acción consciente de realizar un movimiento voluntario. De ahí parecía desprenderse que, en realidad, son procesos neuronales inconscientes los que causan los actos volitivos «aparentemente» voluntarios. La preciada y exaltada libertad humana podría ser simplemente un mero espejismo «neurobiológico» (Libet, 1985).

En estos experimentos se presupone que la libertad está determinada por unos procesos neurales que se corresponden con estados mentales de forma causal directa. Pero nosotros nos sentimos dueños de nuestros actos, en los que actuamos como personas. La libertad no se puede asignar, por lo tanto, a un estado mental determinado, sino a la persona en su totalidad.

Aceptar que somos nuestro sistema nervioso pone en entredicho la experiencia de que somos libres y compromete seriamente la conciencia de nuestra responsabilidad. Por tanto, aunque el ejercicio de la libertad humana precisa del adecuado funcionamiento de nuestra constitución cerebral, esto no excluye el componente de inorganicidad que supone conocer y decidir. Esto invita a pensar que comprender el entrelazamiento de la libertad y la configuración biológica del hombre exige una aproximación diferente.

Investigadores del Dartmouth College de Hanover en EUU han descubierto que la imaginación nace en una red neuronal que denominan «área de trabajo cerebral». Este experimento se ha realizado mediante resonancia magnética funcional (Rial, 2016).

El objeto de la imaginación es la imagen sensible. Imaginar una cosa, como puede ser un libro, no supone la incorporación estructural del libro en el cerebro, la imagen del libro que se ha elaborado en nuestra mente no está formada por los átomos que constituyen las páginas de papel y la tinta de las letras. Este objeto que imaginamos no está materialmente en el cerebro: no ocupa volumen ni tiene peso. El acto imaginativo supera las condiciones de lo material porque no recae inmediatamente sobre las cosas sino sobre la imagen de ellas. ¿Cómo es posible tener experiencia subjetiva de esta representación? La respuesta va más allá que el hecho de afirmar que la imaginación sucede en un área cerebral concreta.

Según se ha expuesto anteriormente, en los procesos mentales hay un componente neuronal y otro que no puede definirse como una estructura físico-molecular. La conciencia, el conocimiento, la percepción, la imaginación y la libertad son aspectos que por una parte necesitan el tejido cerebral para su elaboración y expresión, pero por otra parte hay un componente que no es físico. Sin embargo, el intelecto, la reflexión, la experiencia subjetiva de la percepción y de la imaginación, y la voluntad son aspectos que propia e intrínsecamente no son físicos. Sus acciones, en sí mismas, no pueden desarrollarse a base de interacciones neuronales. El concepto de intrínseco hace referencia a la cualidad o el valor que es propio de la cosa por sí misma y no le viene de fuera. Lo tiene en todas las circunstancias y no depende de éstas, mientras que extrínseco se dice de la cualidad o circunstancia que no pertenece a la cosa por su propia naturaleza, sino que es adquirida o superpuesta a ella. El intelecto en su propio acto de entender no requiere organicidad. La reflexión no puede llevarse a cabo, como se ha mencionado, con un elemento material. La experiencia subjetiva de los sentidos no obedece en última instancia a una red neuronal. La voluntad no es un ente físico (Tablas I y II).

La conexión entre el cerebro y los actos mentales no es meramente externa, y no sería correcto, por tanto, plantearla en los términos de quién mueve o acciona a quién y cuál es el punto de sutura entre ambos. Es cierto que la neurociencia basada en estudiar las regiones cerebrales, los circuitos neuronales y las moléculas nos ha conducido por un largo camino. Este, sin embargo, no basta para explicar el funcionamiento del cerebro.

Se debería observar el cerebro, no únicamente como una interconexión compleja de neuronas, sino como una articulación sistémica, en la que hay algo más, que no conocemos, pero que podemos deducir su presencia a tenor de nuestras experiencias mentales y cognitivas a las que hemos hecho referencia. Debe existir alguna clave o enigma capaz de proporcionar una explicación plausible de cómo funciona nuestro cerebro en su conjunto mediante la unificación de la actividad neuroquímica cerebral y lo mental de modo consciente o inconsciente mediante una información sofisticada y altamente procesada, de naturaleza desconocida, que subyacería a la acción volitiva, a la percepción y a la abstracción más intensa que requiere el pensamiento humano. Esta unificación haría posible la cognición, las emociones, así como la toma de decisiones en las ejecuciones que se realiza en la conducta moral mediante lo que le es propio: reprocesar alternativas y elegir la óptima.

Este enigma con los dispositivos actuales y con los conceptos científicos actuales no es posible descifrar experimentalmente. El proceso de completar una ciencia del cerebro humano en su conjunto puede llevar años e incluso puede resultar imposible de conseguir sin una adecuada interdisciplinariedad y sin una consideración ampliada de la razón misma. No cabe duda de que el sustrato nervioso es necesario y requiere la integración dinámica de múltiples áreas cerebrales para que se den los procesos mentales. Sin embargo, conocer qué regiones del cerebro y qué conexiones participan en estos procesos e incluso se construyeran potentes ordenadores que imitaran la inteligencia del hombre con sus diversas vertientes o se establecieran conexiones cerebro-máquina, no significa que se conozca absolutamente el funcionamiento del cerebro de manera plena y total. Este asalto de la neurociencia sobre las acciones propiamente humanas requerirá posiblemente un estudio más profundo y complejo del que se está desarrollando hoy en día.

Tabla I: Procesos que requieren sustrato neuronal y componente no físico.

	Sustrato neuronal	Componente no físico-molecular
Conciencia	sí	sí
Conocimiento	sí	sí
Percepción	sí	sí
Imaginación	sí	sí
Libertad	sí	sí
Memoria	sí	sí

Tabla II: Procesos con un componente intrínseco no físico.

Componente intrínseco no físico-molecular
Intelecto
Reflexión
Voluntad
Experiencia subjetiva de la percepción e imaginación

EL PRINCIPIO INTELECTIVO

La neurociencia es un tipo de conocimiento que solo promete una satisfacción parcial de la curiosidad humana, puesto que hay muchas preguntas que nos acucian para las que la neurociencia no tiene respuesta alguna (Arana, 2017).

Uno de ellas es el «enigma» citado más arriba, que se encuentra constitucionalmente en el cerebro y que la neurociencia, a pesar de los descubrimientos de proteínas, receptores, neurotransmisores, etc., no ha podido dar de él una explicación empírica y objetiva.

Un momento clásico en la historia para poder dar una explicación a este fenómeno fue la formulación de Descartes. En primer lugar sostenía que el ser humano está compuesto por dos sustancias diferentes: una sustancia o realidad material, el cuerpo (incluyendo el cerebro) y una sustancia inmaterial o no física, la mente. La segunda premisa era que el cuerpo y la mente interaccionan entre sí.

 Conviene recordar que para Descartes esa misma sustancia inmaterial era el alma, para él, los términos alma y mente eran equivalentes. Es conocido el papel que el autor otorgó a la glándula pineal, pero eso lo único que hizo fue localizar el problema, la glándula pineal no deja de ser parte de la sustancia material cuerpo. Como puede verse Descartes defendía una posición dualista al considerar que la mente y el cerebro como cosas diferentes. (Martínez Sánchez, 2017).

La postura dualista puede situarse todavía hoy entre las concepciones más extendidas acerca la naturaleza de la inteligencia. Posiblemente sea debido al impacto del pensamiento de René Descartes en la modernidad.

Este tipo de concepción conduce, sin embargo, a la dificultad de explicar cómo dos fenómenos cualitativamente distintos pueden establecer relaciones. El problema no es menor, todo lo contrario, representa una de las principales críticas al pensamiento dualista. No obstante, no se puede describir el cartesianismo como un dualismo ingenuo. Todo lo contrario, la filosofía de Descartes empieza con la duda metódica sobre todo conocimiento dado. ¿Qué es lo que le conduce entonces a afirmar la existencia del mundo material y el mundo espiritual? El argumento decisivo gira en torno a la identificación de la noción de «conciencia» con la de «autoconciencia», porque para Descartes, lo único libre de sospecha y base de todo conocimiento es la existencia del propio sujeto. «Pienso luego existo». Es decir, todo pensamiento se presenta siempre como mío a priori de cualquier tipo de aprendizaje o usos lingüísticos (Echarte, 2007).

Por otra parte la respuesta de Descartes a la cuestión de cómo es posible que una sustancia no espacial pueda interactuar con una sustancia que está en el espacio es la causación. Descartes sostuvo que hay una interacción causal psicofísica: de lo mental a lo físico (por ejemplo acciones intencionales) y de lo físico a lo mental (por ejemplo la percepción). Pero ¿cómo los estados de una substancia no espacial pueden interactuar causalmente con estados de una substancia que está en el espacio? El cartesianismo podría responder situando a la mente en un lugar espacial, no obstante, todavía tendría que sostener que dichas relaciones son inmediatas, no mediadas por ningún mecanismo subyacente, hecho que parece imposible de verificar. Por tanto el funcionamiento de las relaciones causales entre ambos estados permanece sin explicación.

Para Descartes los pensamientos, sentimientos y deseos de una persona, son intrínsecamente claros y distintos para su dueño.

Para nosotros es natural distinguir entre el mundo físico y un dominio mental privado. Yo no puedo saber acerca de los estados mentales y experiencias de otra gente como sí puedo saber de los míos; y los demás no pueden saber de mis experiencias y estados mentales como saben de los suyos. De modo que atribuir estados y procesos mentales a otras personas equivale a hacer enunciados acerca de su sus disposiciones para comportarse. Pero siempre existe la posibilidad de que sus comportamientos sean engañosos y no se correspondan con los estados mentales. Entonces el comportamiento no está lógicamente conectado con lo mental. Dicho lo cual no podemos alcanzar un conocimiento genuino de las otras mentes, como podemos hacerlo con la propia. Se plantea, entonces, un escepticismo acerca de otras mentes: ¿qué evidencia tengo de que lo que otros perciben es lo que yo percibo?

La conclusión lógica de todo esto es el solipsismo: el sujeto pensante no puede afirmar ninguna existencia salvo la suya propia (Koval, 2011).

Gilbert Ryle en su libro The Concept of Mind cuestiona a lo que él denomina el «mito de Descartes». Se trata de la idea de que los seres humanos se componen de un cuerpo y un alma, ambos de naturaleza radicalmente diferente y hasta cierto punto independiente. La mente se convierte así en una suerte de «fantasma en la máquina», una entidad misteriosa y enigmática diferente del cuerpo mecánico que habita, pero unida íntimamente a él.

Para Ryle, contraponer cuerpo y mente implica caer en un grave error categorial. Se trata del tipo de error que uno comete cuando trata como equivalentes conceptos con propiedades lógicas diferentes. Vamos a imaginar una persona que viaja hasta Oxford a visitar a un amigo y le pide que le enseñe la universidad. El amigo le lleva a la biblioteca, le presenta a los profesores y a los alumnos, le acompaña por los jardines y le enseña los laboratorios y las aulas. Cuando el día termina, el viajero se vuelve a su amigo y le dice: «Todos los edificios que hemos visto son preciosos, pero ¿cuándo veremos la universidad?». El error de nuestro personaje reside en no darse cuenta de que la universidad no es un edificio más, sino que es una entidad más abstracta que engloba todos los edificios y a las personas que han visto durante el día.

Decir que una persona es un cuerpo y una mente es tan extraño como decir que uno ha visitado una universidad y su biblioteca. A lo largo de El concepto de lo mental, Ryle va analizando meticulosamente el significado de las palabras que utilizamos para describir la actividad de la mente. Pensamiento, emociones, inteligencia… Todos ellos se refieren a procesos que a menudo se entienden como causas internas de la conducta observable. Sin embargo, este uso de los términos nos lleva a caer en errores lógicos. Cuando alguien grita a otra persona, decimos que lo hace porque está enfadado y nos contentamos con esta explicación. Pero según Ryle, se trata de una explicación muy peculiar. Cuando decimos que alguien grita porque está enfadado, no se trata del mismo tipo de explicación que cuando decimos que un cristal se ha roto porque lo ha golpeado una piedra. Se trata más bien del tipo de afirmación que hacemos cuando decimos que el cristal se rompió porque era frágil. Es una explicación muy diferente de la primera. Explica por qué se rompió el cristal pero no mediante un relato mecánico de los procesos que condujeron a ello, sino llamando la atención sobre el hecho de que los cristales se rompen con facilidad. De la misma forma, sabemos que alguien está enfadado porque hace cosas como gritar. Luego, decir que grita porque está enfadado no nos ofrece una explicación causal (Ryle, 2013).

Descartes desatendió la peculiaridad que los clásicos habían advertido en la unidad de lo viviente. Los pensadores griegos distinguían dos modos de ser. Por una parte los seres vivos, que exhiben un tipo de movimientos y propiedades que no se encuentran en el resto de los seres físicos. Los seres vivos son concebidos y nacen en un momento fácilmente identificable. No se fabrican, como ocurre con los dispositivos. Los seres vivos, por el contrario, no requieren la intervención humana para alcanzar la existencia y crecen de una manera exclusiva de lo vivo. Son ellos mismos los que se procuran, alimentándose, los materiales que necesitan para crecer. El ser vivo no crece porque se le añadan elementos desde fuera, sino porque los incorpora él mismo para que pasen a formar parte de su organismo (Collado, 2014).

También hay seres que no son vivos y que pueden crecer pero su crecimiento no es como el de los vivientes, ya que estos el crecimiento implica incorporar nuevos materiales al organismo fortaleciéndose. Nacer, crecer, reproducirse, alimentarse y morir son considerados por la tradición aristotélica movimientos exclusivos de los seres vivos. Dicho de otra manera, el término vida designa unos actos y, como consecuencia, una propiedad del ser que los realiza: el ser vivo. El dinamismo propio corresponde, en los vivientes, a un auto-movimiento que incluye la cooperación funcional de las partes de un organismo unitario e individual.

Un ser vivo tiene dos características propias: una es tener la capacidad de automoción y otra la de actualizarse a sí mismo, ya que todas las funciones y reacciones químicas que tiene un ser vivo implican cambios constantes en él mismo.

Realmente, el conjunto de elementos que forma un ser vivo pueden ser reunidos en un laboratorio guardando la misma proporción, pero ya no será un ser vivo sino una mezcla inerte. Por consiguiente, lo que hace que un organismo vivo tenga vida no son sus elementos químicos por sí mismos, como el carbono, oxígeno, hidrógeno, nitrógeno, etc., ni tampoco la propia estructura molecular que le configura, porque lo bioquímico por sí solo no es la vida. No hay ninguna diferencia entre los átomos de carbono de nuestro organismo y los del petróleo, ni tampoco hay diferencia entre los átomos de hierro de una tuerca y el hierro de la sangre. Si la materia fuera por sí misma la causa de la vida, seguramente todos los cuerpos estarían vivos.

En consecuencia, el ser vivo es una unidad de funcionamiento porque algo distinto de sus componentes, y que en todos ellos ejerce su influencia, unifica al conjunto de manera que lo que anima al viviente no es su propia estructura bioquímica sino lo que hace de principio vital y unificador. (Muntané, 2009).

A dicho principio es a lo que los clásicos llamaron alma. Sabemos que un ser es animado, que tiene alma, cuando está vivo.

El concepto de alma de los vivientes, no sólo es compatible con el progreso de la biología, sino que expresa de manera adecuada el modo de ser peculiar de las entidades biológicas. Así, por ejemplo, desde el punto de vista embriológico, en el ser humano la concepción supone una activación mutua, específica y compleja de los gametos y de los genes que se encuentran en el ácido desoxirribonucleico o DNA, con el propósito de que se desarrolle toda la organización biológica del nuevo ser. Al principio del desarrollo embrionario, en la etapa del llamado blastocisto, las células son parecidas, son las llamadas células madre que son pluripotenciales. Posteriormente irán adquiriendo la morfología y función para que se formen progresivamente los tejidos y los órganos. Para que ocurra la multiplicación y diferenciación celular, debe haber un programa genético en el DNA constituido por el conjunto de genes que, al ser actualizados en el espacio y en el tiempo, procuran la emergencia y configuración de la estructura celular del ser humano. La activación y expresión del código genético da lugar a una serie de reacciones bioquímicas ordenadas, de las que ninguna por separada tendría la operatividad que posee en el nuevo ser. Existe un gran número de genes que contienen información precisa, cuya regulación determinará la estructura fundamental del cuerpo humano; todos los fenómenos bioquímicos se organizan en una unidad compleja desde la codificación genética, para la producción de las decenas de miles de proteínas estructurales y enzimáticas que constituirán las células.

Todo este proceso, siguiendo este discurso de los clásicos, tendría como unificador ese principio vital o alma (Muntané, 2009).

En el momento de la muerte el cuerpo del ser vivo se corrompe, todos sus elementos materiales han perdido su unidad característica. Tiene todos los elementos materiales que formaban su cuerpo cuando todavía estaba vivo, pero ha perdido la unidad, le falta el alma, ha muerto (Collado, 2014).

Los pensadores griegos consideraron también al ser humano como un viviente pero con unas características peculiares. Su alma, es decir la unidad que caracteriza a este ser vivo, le permite realizar operaciones que ningún otro ser vivo puede ejercer. Así el entendimiento y la voluntad son los nombres que recibieron las facultades asociadas con la capacidad humana de pensar y querer. Las propiedades que hacían a los hombres distintos del resto de los seres vivos se consideraban la expresión de un principio que trasciende la unidad de lo orgánico, aunque también sea su causa. A dicho principio lo llamamos espíritu. La reflexión filosófica encontró, por tanto, razones para afirmar que el alma humana no sólo es expresión de la unidad vital del cuerpo humano, como ocurre con el resto de los seres vivos, sino que es también principio de otras facultades exclusivas suyas, que parecen ir más allá de lo que puede dar de sí lo puramente orgánico. Por esto, cuando nos referimos al hombre, es más apropiado decir alma espiritual (Collado, 2014).

El programa de Tomás de Aquino tuvo en gran medida el apoyo del pilar de Aristóteles.

Tomás argumentaba lo siguiente: si el ser humano es capaz de realizar operaciones inmateriales como el entender y el querer, obliga a concluir que el principio de estos actos es inmaterial, porque sería contradictorio que un sujeto material realizase acciones inmateriales. Tomás de Aquino afirma que ningún ser obra sino en cuanto está en acto[1]. Dice Tomás de Aquino que el alma o principio intelectivo comunica el mismo ser[2] con que ella subsiste con la materia orgánica corporal, y de ésta y del alma intelectiva o principio intelectivo se forma una sola entidad de suerte que el ser que tiene todo el compuesto es también el ser del alma.

La unión del alma y del cuerpo es substancial[3], es decir, de la unión de estos elementos resulta una sola substancia. La unión substancial se opone a la unión accidental, en la que los elementos permanecen extraños y sólo están aglomerados. Por lo tanto, el ser humano no es sólo alma ni sólo cuerpo, sino alma y cuerpo a la vez.

Para el alma humana su relación a un cuerpo le es esencial, está hecha solamente para informar un cuerpo, pues la unión del alma y del cuerpo es natural.

Considerando el pensamiento de Santo Tomás, si la unión del alma y del cuerpo forman una sola sustancia, el

---

[1] «Acto» significa cualquier perfección o propiedad de las cosas. La rosa blanca es una flor que tiene la blancura como un acto que le otorga una determinada perfección.

[2] El ser es el acto constitutivo y más radical: aquello por lo que las cosas son. El ser hace que las cosas sean. Ninguna propiedad físico-química de las cosas puede hacer que éstas sean, pues todas estas características, para producir sus efectos, antes tienen que ser.

[3] Para Aristóteles la sustancia es el sujeto en el que descansan sus propiedades.

alma y el cerebro también la forman dando lugar a una unidad. No existe un dualismo alma-cerebro.

El cerebro es lo que es porque está informado por el alma, la cual es la forma substancial constituyendo una sola unidad. Esta unidad natural es vital, activa y dinámica e implica todo el cerebro (y todo el cuerpo). El cerebro sin el alma es una estructura muerta.

NEUROIMAGEN Y PENSAMIENTO

Para algunos investigadores la aparición de activaciones y desactivaciones cerebrales ante paradigmas de exploración cognitivos y afectivos complejos sería la clara muestra de que es nuestro cerebro el que controla el pensamiento y la acción humana, y que la percepción de esos fenómenos que se hacen conscientes no es más que una muestra más de la propia neurobiología que los sustenta.

Se ha postulado, incluso, si mediante la RMf como método más importante para la investigación in vivo de los procesos cognitivos en el cerebro humano puede utilizarse para determinar lo que una persona está pensando y por tanto barajar la posibilidad de que en un futuro pueda leerse la mente. Esto significaría un avance sin parangón y un paso fundamental para conocer el funcionamiento global del cerebro.

La RMf es una técnica que se basa en la relación que existe entre la actividad neuronal y el flujo sanguíneo. Como consecuencia permite la evaluación de regiones cerebrales que participan en los sentidos, motricidad, cognición y procesos afectivos, ya sea en el cerebro normal o patológico.

Desde que Lauterbur propusiera la obtención de imágenes estructurales de tejidos basadas en el fenómeno de resonancia magnética (RM), transcurrieron casi dos décadas, hasta que en 1992, y de forma simultánea, grupos de la Universidad de Minnesota y del Medical College of Wisconsin demostraron registro funcional de activación cerebral por RM en humanos, utilizando técnicas de adquisición de imagen no invasivas, considerando las propiedades magnéticas de la hemoglobina en relación con la cantidad de oxígeno que transporta (Thulborn, 2002). Ogawa, et al., realizaron estudios en ratas probando que la desoxihemoglobina en la sangre puede ser usada como medio de contraste en RM, este fenómeno recibió la denominación de contraste-BOLD (blood oxigenation level dependent) o de- pendiente del nivel de oxigenación sanguínea (Thulborn 2002, Naidich 2001).

El aporte sanguíneo de las áreas corticales cerebrales no activadas tiene un nivel de equilibrio entre la oxihemoglobina que tiene propiedades diamagnéticas, y la desoxihemoglobina que es una molécula paramagnética. Si un área cerebral se activa se produce un incremento del flujo para aumentar el aporte de oxígeno, sin embargo, el aporte de oxígeno es menor que el aumento de flujo y se produce un desequilibrio en la relación oxidesoxihemoglobina. El exceso de oxihemoglobina disminuye la diferencia de susceptibilidad, debido al paramagnetismo de la hemoglobina entre el lecho capilar y el tejido nervioso y produce un ligero aumento del T2* (explorando mediante secuencia ecoplanar). Las zonas activadas se localizan por la diferencia de intensidad entre las imágenes obtenidas en reposo y las obtenidas en activación realizando una tarea. La intensidad de las zonas activadas es sólo de 5-10% mayor que las zonas no activadas, por lo tanto, es necesario adquirir todo el conjunto de cortes varias veces, con el fin de obtener imágenes con una señal suficiente. Los estudios de activación cerebral se realizan mediante la aplicación de paradigmas que consisten en una tarea de activación intercalada con otros periodos de reposo, en que el paciente efectúa una actividad alternativa diferente a la que se pretende estudiar. De esta forma se calculan las diferencias de señal entre un periodo y otro. El resultado se presenta con una superposición de los píxeles activados coloreados sobre una imagen anatómica (Thulborn, 2002).

La RMf tiene diferentes aplicaciones tanto en la práctica clínica como en los estudios de investigación

(Gore, 2003). En los casos de planificación neuroquirúrgica el papel de la RMf adquiere una utilidad importante y manifiesta. Se pueden evaluar las áreas motoras o del lenguaje en tumores que están próximos así como valorar los posibles déficits posteriores a la misma acción quirúrgica, estableciendo un pronóstico no tan sólo en relación con el grado tumoral, sino también, por la afectación de estas áreas corticales(Mock 1999, Jack 1994)

En el estudio de pacientes neurológicos puede evaluarse la recuperación de una función cerebral con y sin rehabilitación neuropsicológica. Las lesiones cerebrales progresivas, como, por ejemplo, la esclerosis lateral amiotrófica o la enfermedad de Parkinson, pueden ser utilizadas para estudiar lentos procesos de readaptación a largo plazo(Martínez-Rosas 2007, Bardin 2011). En el ámbito de la psiquiatría la RMf es básica para delinear las bases neurobiológicas de diversos déficits cognitivos y los comportamientos aberrantes. Dado el número de estructuras cerebrales anormales relacionadas con la esquizofrenia, el foco de la investigación ha pasa- do a la teoría de los circuitos neuronales desordenados. Ya hay evidencia en estudios realizados en la esquizofrenia de interacciones anormales entre las regiones cerebrales que pueden ayudar a explicar los síntomas y los déficits cognitivos asociados con la enfermedad. Un tema de investigación en auge consiste en la vinculación de los cambios en la función cerebral en relación con los medicamentos, la mejoría clínica y el funcionamiento cognitivo (Sharma 2003, Siegle 2006). La RMf también ha aportado nuevas perspectivas en los mecanismos fisiopatológicos del autismo como la activación disfuncional en áreas clave de la comunicación verbal y no verbal, interacción social y de las funciones ejecutivas (Verhoeven, 2010).

La neuroimagen funcional ha contribuido en definir el circuito neuronal del dolor en pacientes sanos y con un síndrome de dolor agudo o crónico implicado en la modulación, la percepción y la respuesta de una experiencia dolorosa. Esta "matriz neuronal", que modula la percepción y la respuesta al dolor parece involucrar principalmente, tanto en voluntarios sanos como en pacientes con dolor agudo o crónico en respuesta a estímulos dolorosos generados interna o externamente, la corteza somatosensorial secundaria de forma bilateral, la corteza insular y la corteza cingulada anterior. Adicionalmente, otros estudios refieren la activación funcional de la corteza somatosensorial primaria contralateralmente al hemicuerpo estimulado, el cerebelo, el tálamo, el opérculo, la corteza prefrontal, el área motora suplementaria, los ganglios basales y la corteza parietal posterior (Deus, 2009)

Hay estudios en diferentes trabajos que han permitido trazar mapas somatotópicos de la corteza motora primaria con RMf obteniendo una buena correlación con las áreas determinadas por Brodmann como la 4 y 6. En estos estudios la estimulación del área motora pone de manifiesto la gran representación de la mano en la circunvolución precentral. Los movimientos simples de la mano y de los dedos producen la activación de la corteza motora primaria, con movimientos más complejos como la oposición secuencial del pulgar con el resto de los dedos de la mano, producen también la activación de la corteza motora suplementaria (Jones 1998, Rao 1993). Solicitando al paciente que imagine los movimientos de los dedos, la corteza motora suplementaria es activada, mientras que la corteza motora primaria permanece inactiva, lo cual ha sugerido la posibilidad de que exista un control superior para la corteza motora suplementaria (Li,1996). La corteza motora derecha es activada en diestros y zurdos por movimientos dactilares contralaterales, en los individuos diestros también puede ser activada por movimientos ipsilaterales. Este fenómeno comporta claras implicaciones tanto en recuperación de accidentes vasculares cerebrales, como en pacientes con tumores que deban ser intervenidos quirúrgicamente (Jack, 1994).

Teasdale, et al., pusieron de relieve que las emociones placenteras, producen actividad bilateral en regiones de la ínsula, circunvolución frontal inferior de- recha, splenium y en el precuneus. Sin embargo, las emociones con un significado desagradable, producen actividad bilateral de la circunvolución medial frontal, circunvolución del cíngulo en su porción más anterior, circunvolución precentral derecha y el núcleo caudado izquierdo. En estudios realizados en adolescentes y niños por Baird, et al., a los cuales se les mostraban imágenes fotográficas con caras cuya expresión denotaban miedo, se producía actividad en la amígdala (Thulborn 2002, Naidich 2001).

Las áreas que corresponden al lenguaje de expresión (áreas de Broca), pueden ser activadas cuando se generan palabras, ya sea en el pensamiento o pronunciadas (Di Salle, 1999). Existe una mayor activación de estas áreas corticales en la generación de verbos o poesía que en palabras como nombres comunes. En estudios con paradigmas de generación de palabras en mujeres se ha observado activación bilateral de las áreas de lenguaje, mientras que en los hombres se produce de forma casi exclusiva en las áreas corticales del hemisferio dominante (Naidich, 2001). Se ha descrito también la activación, además del área de Broca, de ciertas áreas de la corteza temporal, y de la corteza visual primaria y secundaria. Estos hallazgos sugieren que en el proceso de generación de palabras, también intervienen de forma elocuente áreas de la memoria y visuales (Di Salle, 1999).

En la comprensión del lenguaje los paradigmas utilizados son hacer escuchar al paciente textos narrativos. En esta situación es en la circunvolución temporal superior que de forma bilateral presenta activación (Thulborn 2002, Naidich 2001). Se ha diseñado un decodificador neural que aprovecha explícitamente las representaciones cinemáticas y sonoras codificadas en la actividad cortical humana para sintetizar el habla audible. Primero decodificaron la actividad cortical registrada directamente en representaciones del movimiento articulatorio, y luego transformaron estas representaciones en acústica del habla. En las pruebas de vocabulario cerrado, los oyentes podían identificar y transcribir fácilmente el discurso sintetizado a partir de la actividad cortical. Además, el decodificador podría sintetizar el habla cuando un participante imita silenciosamente las oraciones (Anumanchipalli, 2019).

La estimulación visual se realiza directamente con la presentación de imágenes. Estos paradigmas consisten en imágenes oscilantes que van a producir una mayor actividad en la proximidad de la cisura calcarina. Barton et al. han puesto de relieve que cuando el paradigma creado consiste en seguir visualmente un objeto o imagen en movimiento, se produce mayor extensión del área cortical activada, es decir, además de la corteza visual primaria y secundaria, se produce actividad en la corteza lateral temporo-occipital (Naidich, 2001). La actividad cortical visual medida por imágenes de RMf se puede decodificar mediante un nuevo método de reconstrucción de imágenes. El método es capaz de producir de manera fiable reconstrucciones que se parecen a las imágenes naturales y artificiales visualizables en una pantalla de computadora. El mismo análisis aplicado a las imágenes mentales demostró reconstrucciones rudimentarias del contenido subjetivo. Este método permite reconstruir imágenes perceptivas y subjetivas, proporcionando una nueva ventana a los contenidos internos del cerebro (Shen, 2019).

La RMf muestra el uso de la música como una herramienta para el estudio de la estructura del cerebro humano y la función auditiva (Limb 2006). La música es un estímulo con unas propiedades que lo convierten en una herramienta atractiva para el estudio tanto del comportamiento humano como de los elementos neurales implicados en el procesamiento del sonido (Nilton 2017).

Desde el punto de vista estructural la función cognitiva está sustentada por múltiples redes neurales (Maestú, 2003). La RMf permite visualizar las áreas cerebrales que se activan mientras se está realizando una ope- ración mental. Por consiguiente es una técnica adecuada para el estudio de la fisiología cerebral de las funciones cognitivas (Vendrell, 1995).

La cognición humana implica muchos elementos que se relacionan entre sí dando lugar a una serie de funciones complejas que pueden englobarse con la denominación de capacidad mental o mente. Estos elementos que configuran el fenómeno cognitivo incluyen como se ha mencionado anteriormente la memoria, atención, conocimiento o entendimiento, conciencia, representación o imaginación, reflexión, autorreflexión, voluntad, intención, elaboración de conceptos o raciocinio. Algunos de estos elementos han sido objeto de estudio con RMf, ya sea desde el punto de vista fisiológico o como alteración de esta función en un estado patológico. Se han identificado mediante RMf las áreas cerebrales que se activan cuando se practica una tarea motora compleja en la imaginación sin movimiento físico (Ross, 2003).

Se han realizado investigaciones en relación con algunos tipos de memoria, como la memoria de trabajo, poniendo de relieve la activación de áreas ventral y anteriores del cortex prefrontal lateral. Callicott, et al., han mostrado actividad adicional, en este tipo de memoria, en áreas de la corteza premotora, región superior del lóbulo parietal y del tálamo. Del mismo modo, en el proceso de memoria remota con paradigmas de reconocimiento facial, se han observado zonas de actividad en el cortex temporal y occipito-temporal homolateral (Naidich, 2001).

La matemática es un proceso intelectual en el que intervienen una variedad de funciones incluyendo las habilidades visuoespaciales, la memoria, la atención y la representación semántica. Los estudios de imagen de la activación cerebral durante las tareas de matemáticas han mostrado que varias regiones del cerebro están involucradas en el procesamiento numérico (Fulbright, 2000). En el trastorno por déficit de atención/hiperactividad, la RMf sugiere una disfunción del circuito frontoestriatal que involucra a la corteza prefrontal y a su relación con los núcleos de la base, tálamo y cerebelo como base fisiopatológica de este trastorno La activación regional en la corteza prefrontal dorsolateral se acompaña de déficit de la atención sostenida en pacientes con trastorno bipolar y en individuos sanos (Fernández-Mayoralas, 2010).

Con la RMf se han examinado las regiones cerebrales específicas involucradas en los aspectos de flexibilidad y originalidad durante las tareas de uso alternativo, lo que indica principalmente la habilidad de pensamiento divergente. El pensamiento divergente consiste en la capacidad de generar múltiples e ingeniosas soluciones a un mismo problema. Se ha sugerido un conjunto diferente de activación cortical para integrar los procesos cognitivos involucrados en el pensamiento divergente en términos de flexibilidad y originalidad y que la interacción entre estas regiones es esencial para permitir la ejecución de tareas cognitivas con mayores demandas de creatividad (Abdul,2019).

Mediante la electrocorticografía en un estudio con pacientes de epilepsia sometidos a cirugía, se ha observado la importancia de la corteza prefrontal en la toma de decisiones flexible y el comportamiento adaptativo. En la electrocorticografía se utilizan grabaciones corticales humanas directas, proporcionando una resolución de tiempo mejor que la resonancia magnética funcional y una mejor resolución espacial que la electroencefalografía, las cuales se utilizan y se han usado con anterioridad para registrar la actividad pensante. Esta técnica utiliza electrodos colocados directamente sobre la superficie expuesta del cerebro para registrar la actividad eléctrica de la corteza cerebral (Haller, 2018).

Diferenciar la mentira de la verdad en una persona, ha creado la expectativa de un avance en la búsqueda de métodos objetivos de detección de mentiras. En los últimos años, los litigantes han intentado introducir una evidencia de detección de mentiras basada en RMf en los tribunales. La pregunta que se ha planteado es si sería posible identificar directamente en que parte del cerebro se da la intención de engañar. Tanto la ciencia como su posible uso en los tribunales han generado mucha discusión académica y se han realizado trabajos en los que finalmente se concluye que las técnicas de neuroimagen no son aplicables para detectar el engaño de una persona individual en este momento. Tendrán que efectuarse ensayos clínicos imparciales y completos que guiarán el desarrollo de la tecnología forense de la RMf (Langleben & Moriarty 2013; Gamer 2014).

De lo dicho hasta aquí se puede decir que la investigación en neuroimagen se ha centrado principalmente en los patrones de localización de la actividad cerebral relacionada con procesos mentales específicos. Sin embargo, un examen más detenido de los procesos y de las imágenes obtenidas descubre activaciones que son difíciles de conciliar con una asignación selectiva estructura-función. Por ejemplo, el hecho de que la porción postero-superior de la región temporal se asocia con la audición no implica que sea la única región que está asociada con este fenómeno (y de hecho, no lo es). Es necesario un tipo diferente de análisis, en lugar de considerar que regiones están asociadas con un proceso en particular, tenemos que preguntarnos qué regiones tienen patrones de actividad que permitan la predicción de la participación de un proceso particular. Siguiendo en esta línea se ha emprendido el proyecto Atlas Cognitivo que tiene como objetivo desarrollar una base de conocimientos de los procesos mentales, las tareas mentales y los sistemas del cerebro (Poldrack, 2010)

Se ha puesto de manifiesto que los estados mentales pueden identificarse realizando una clasificación estadística a partir de los datos de la imagen cerebral. Esta relación incluso puede llegar a predecir el estado mental de un individuo considerando la clasificación estadística realizada en otras personas. Se ha conseguido una precisión superior al 80% entre los individuos (donde el azar $= 13\%$) (Poldrack,2009).

La aplicación de clasificaciones estadísticas sobre los datos de neuroimagen proporcionan los medios para probar directamente la precisión de estos datos con los procesos mentales. Haynes et al . utilizaron algoritmos de clasificación de patrones similares para predecir la intención del sujeto para realizar una suma o una resta de dos números que se mostraban. Mediante la decodificación de la actividad en la parte anterior de la corteza prefrontal medial fueron capaces de predecir la intención del sujeto con 71% de precisión (Haynes,2006).

Por otra parte, como se ha dicho anteriormente, se

ha podido extraer información desde la RMf que posteriormente mediante una máquina de inteligencia artificial llamada DNN (del inglés deep neural network: red neural profunda) tradujo la información en imágenes que son bastante parecidas a las que los participantes visualizaron (Shen,2019). Ahora bien, una cosa es saber lo que una persona está imaginando y otra cosa muy diferente es una lectura global de todos los fenómenos cognitivos que acontecen en un individuo. Leer la mente es un tema muy complejo. La RMf es una exploración eficaz que ha abierto amplios horizontes de investigación a científicos de todo el mundo y es la mejor herramienta disponible para el estudio in vivo de la función cerebral (Bennett 2010). Sin embargo con la RMf no podemos identificar un concepto ni la elaboración de un juicio, aunque en estas operaciones se hallen involucrados múltiples áreas del cerebro, así como el concurso de los fenómenos neuroquímicos pertinentes. Aunque esta técnica de neuroimagen es una gran promesa para la expansión de nuestra comprensión del funcionamiento del cerebro humano, estamos todavía a años luz de ser capaces de desentrañar los intrincados mecanismos que determinan los fenómenos neurobiológicos y microscópicos que participan en la definición de nuestra conceptualización de la mente humana.

Como consecuencia de todo esto se deduce que con la RMf visualizamos actividad cerebral, pero encontrar una correlación entre los patrones de múltiples variables de la actividad cerebral y la categoría de un objeto determinado no implica necesariamente leer la mente y mucho menos saber cómo se elabora un proceso mental como el conocimiento, la autorreflexión o la elaboración de un concepto. Es importante subrayar que reconstruir una imagen con inteligencia artificial desde una

RMf, no es lo mismo que leer el pensamiento de una persona. La imaginación que puede formar parte de los procesos mentales no es todo el pensamiento.

La RMf sólo ilustra un aspecto parcial de los procesos biológicos que están sucediendo. Además, no hay que olvidar que, en general, las actividades de la vida diaria son complejas y no son fáciles de explorar sin someterlas a simplificaciones que pueden desnaturalizarlas; de hecho, los paradigmas exploratorios habituales en este tipo de experimentos carecen del componente «global» que se da, por ejemplo, en las interacciones sociales. Por todo esto, Fuchs advierte con razón que las técnicas de neuroimagen son excelentes para explorar el sistema nervioso humano, pero sería muy aventurado depender exclusivamente de sus resultados para sacar conclusiones unitarias acerca del actuar del hombre (Giménez Amaya,2010).

CIENTIFICISMO MATERIALISTA. PROBLEMAS DEL MÉTODO CIENTÍFICO

Las ciencias empíricas y experimentales tienen como característica una peculiar fiabilidad y una validez intersubjetiva, permitiendo formular predicciones comprobables y obtener aplicaciones útiles.

Sin embargo, la lectura materialista de la ciencia posee en nuestro tiempo los rasgos característicos de una mitología. Es decir, se trata de una representación deformada en la que se intenta hacer pasar por resultados científicos lo que no son más que interpretaciones particulares de los mismos. De este modo identificada con «lo que dice la ciencia» la imagen materialista del mundo se sustrae a la reflexión crítica, y llegan a situarse en un lugar blindado y preeminente en la conciencia colectiva de nuestras sociedades occidentales. Esta situación es muy lamentable, pero no se le podrá poner remedio mientras que no se adquiera una conciencia clara de la diferencia entre los contenidos reales de las ciencias y la mitología materialista en la que estamos inmersos (Soler, 2013).

Para muchos el conocimiento de la realidad física cerebral es suficiente e incluso para algunos el único. En efecto, tratan de explicar los fenómenos psíquicos por las propiedades sinápticas y los neurotransmisores. Es un pensamiento filosófico para el cual la materia que integra las células cerebrales es el factor primario: El cerebro humano es solamente una máquina biológica muy compleja.

Este monismo materialista no es nuevo. Demócrito, filósofo y matemático griego que vivió entre los siglos V-IV a. C., postulaba que el principio constitutivo del universo era el átomo. Sostenía, en efecto, que toda realidad es un compuesto material fruto de la unión de átomos. Por eso el ser humano es pura materia. Nada hay más allá de las neuronas. Todo es explicable desde el punto de vista de la física y de la química. Por tanto, todo es predecible antes o después. Es decir, que si tuviésemos suficientes conocimientos físicos y químicos, podríamos predecir el pensamiento de cualquier persona.

Ciertamente, los descubrimientos médicos y fisiológicos que mostraban la dependencia de las funciones «espirituales» respecto de sus condiciones anatómicas y orgánicas cerebrales, permitió al médico Julien Offray de La Mettrie considerar que la materia era todo y no había otra cosa que múltiples modificaciones de esta sustancia una y única:« Dado que todas las facultades del alma dependen de la organización misma del cerebro y de todo el cuerpo, a tal punto que no son evidentemente otra cosa sino esta organización misma, ¡he aquí una máquina bien iluminada! Pues aun cuando sólo el hombre hubiera recibido en herencia la ley natural, ¿sería menos, por eso, una máquina? [...] Puesto que el pensamiento se desarrolla evidentemente con los órganos, ¿por qué la materia de la cual éstos están hechos no podría ser capaz de experimentar remordimientos, siendo que puede adquirir, con el tiempo, la facultad misma de sentir? El alma no es, por consiguiente, más que una palabra vana, de la que no se tiene idea alguna y de la que una mente sólida no debe servirse más que para nombrar aquella parte que en nosotros piensa. Una vez establecido el principio mínimo de movimiento, los cuerpos animados tienen todo cuanto les hace falta para moverse, sentir, pensar, arrepentirse y, en una palabra, para guiarse en lo físico y en lo moral.» (Offray de La Mettrie, 2014).

El barón D'Holbach expuso en su obra Sistema de la naturaleza que la materia es eterna y base determinante de cualquier fenómeno reafirmando el carácter natural de las realidades humanas (D'Holbach, 2019)

El modelo de materialismo reduccionista y fisiologista cobró fuerza en Alemania con el zoólogo Karl Vogt. En las cartas fisiológicas de 1846, declaró que «los pensamientos son al cerebro, como la bilis al hígado o la orina a los riñones». Esta idea Se afianzó gracias a la teoría de la evolución de Darwin (1859) y alcanzó madurez en las obra de Th. H. Huxley Evidence as to Man's Place in Nature en la que publicó por primera vez en 1863 su famosa imagen comparando el esqueleto de los simios al de los humanos. También Ernst Haeckel ferviente evolucionista cuyas ideas fueron recogidas en 1866 en su Generelle Morphologie der Organismen. Desde 1862 se convirtió en el promotor más destacado de la teoría de la evolución en Alemania (Hidalgo, 2006).

La percepción sensorial en el cerebro humano es un proceso de increíble complejidad, en el cual se produce una divergencia entre las señales producidas por los órganos receptores y las percepciones conscientes (Popper y Eccles, 1983). Los sentidos solo funcionan correctamente después de un proceso de aprendizaje, en combinación con la memoria, a través del cual se constituye un modelo con los elementos que componen la realidad sensible.

Los sentidos del ser humano no están diseñados para reflejar detalladamente la compleja naturaleza de los elementos materiales que nos rodean. Si cogemos una manzana y nos pudiéramos adentrar en el interior de los átomos, observaríamos partículas subatómicas después «paquetes de onda» energética, de los paquetes de onda pasaríamos a las supercuerdas vibratorias y por último a la energía de fondo. Einstein afirmó en su teoría de la relatividad que la materia y la energía eran equivalentes. Por tanto, la teoría cuántica solo permite normalmente cálculos probabilísticos o estadísticos de las características observadas de las partículas elementales, entendidos en términos de funciones de onda.

La realidad es inabarcable por la mente humana en su profundidad y complejidad. Lo que normalmente interpretamos como realidad es solo una representación personal, simbólica y limitada, de la inmensidad de lo real (Penrose,1999).

La concepción materialista tiene especial dificultad para resolver las grandes cuestiones del origen: Aparición de la materia, el espacio y el tiempo, desde el no-espacio y no-tiempo inicial, aparición de la vida en sus diferentes formas, a partir de una materia débilmente organizada y aparición de la conciencia auto-reflexiva y naturaleza de la misma. Para justificar esta fenomenología se considera que en un futuro se podrá demostrar con todo rigor que la materia pudo originarse a sí misma o que la materia existe y existirá siempre. También en un futuro se demostrará concluyentemente, que la vida pudo surgir a partir de la materia de forma autónoma y espontánea. La diversidad biológica se atribuiría a la acción pura y simple del azar y la selección natural. La evolución en su conjunto carecería de cualquier finalidad. La conciencia humana sería simplemente un paso más en la evolución animal, cuyo mecanismo y propiedades tendrían una naturaleza puramente física (Gonzalez, 2007).

Sin embargo esta justificación no es propiamente ciencia. Quizás se trataría más bien de una pseudociencia ¿Qué diferencia hay? Para Popper, la clave está en la falsabilidad y en el hecho de que las teorías científicas nunca pueden ser verificadas completamente. Ante una hipótesis, se busca hechos observables que puedan refutar la hipótesis, de tal modo que si no puede encontrarse ninguno que la refute se mantiene como teoría válida. Karl Popper escribió: «No importa cuantos ejemplos de cisnes blancos hayamos podido observar, esto no justifica la conclusión de que todos los cisnes son blancos».

La división establecida por Karl Popper no se puede considerar como definitiva, y de hecho aún a día de hoy no existe ningún criterio universal para establecer la diferenciación entre ciencias y pseudociencias, pero sí que supuso un comienzo para saber qué tenemos que pedir a una ciencia para poder llamarla así. Karl Popper argumentaba «El juego de la ciencia no tiene final. Aquel que decida un día que las hipótesis científicas no necesitan ninguna prueba más y que pueden ser admitidas como definitivamente verificadas, que se retire del juego». (Popper, 1934).

Se considera al empirismo inglés de los siglos XIII al XVI, con las figuras de Roger Bacon, Guillermo de Ockham y Francis Bacon, como los iniciadores del método científico, que adquirió su madurez con Galileo en el siglo XVII. Rechazaban la deducción como herramienta para la obtención de conocimiento y partían de la experiencia como fuente del mismo, es decir, de los datos experimentales, mediante un proceso de inducción.

Como se ha mencionado más arriba la actividad científica reside en inventar hipótesis que pueden confirmarse o en demostrar su falsedad mediante los datos obtenidos de la realidad.

Ahora bien, el método científico no es resultado de una actividad científica, sino un producto de la filosofía que forma parte de la epistemología. La Epistemología reflexiona acerca del conocimiento científico, abarcando asuntos relacionados con las actividades científicas y el proceso investigativo de aplicación del método científico. Es una actividad intelectual que reflexiona sobre la naturaleza de la ciencia, sobre el carácter de sus supuestos, es decir, estudia y evalúa los problemas cognoscitivos de tipo científico. Es ésta pues, quien estudia, evalúa y critica el conjunto de problemas que presenta el proceso de producción de conocimiento científico. (Martínez y Ríos, 2006).

El método científico sirve para estudiar los fenómenos materiales que pueden medirse y realizar experimentos, por consiguiente, el método científico tiene un alcance limitado.

La neurociencia es principalmente neurobiología y por tanto tiene un horizonte de comprensión limitado a lo observable desde fuera por los sentidos externos. La neurociencia puede darnos así una descripción y explicación empírica de la estructura y funciones del sistema nervioso. Sin embargo, no puede con sus propios métodos, decirnos qué es el pensamiento o la persona. Ciertamente el neurocientífico relaciona continuamente elementos como el «yo», las emociones, la racionalidad, con las funciones cerebrales. Pero aunque las áreas cerebrales y redes de integración neural tienen relación con la cognición, no puede sino presuponer la existencia y el sentido de esas dimensiones psíquicas, que como tales no son observables, aunque sí se captan interiormente de modo intelectual. (Sanguineti, 2016).

Este planteamiento nada tiene que ver con la negación del valor de la neurociencia, el cual es evidente en todas sus facetas. Sin embargo, la neurociencia afronta serias dificultades cuando se intenta explicar la realidad de los fenómenos humanos. En efecto, la existencia misma de la ciencia supone admitir que la persona humana tiene una capacidad de auto-reflexión que le permite plantearse los problemas relacionados con la verdad, y esa capacidad se sitúa en contexto de una subjetividad que supera los condicionamientos puramente neuronales. Por otra parte la neurociencia compilada por un conjunto de ciencias empíricas, no constituye la cosmovisión más valiosa del conocimiento del cerebro, con la exclusión de otros puntos de vista (Herrera, 2011) ya que, se caería en aquel horizonte intelectual que pretende hacer pasar por conclusiones neurocientíficas elementos propios de una filosofía materialista, puesto que estaríamos delante de una manipulación ideológica de la ciencia y no de una conclusión extraíble de los métodos de investigación científica. No cabe una extrapolación del método de la ciencia experimental presentando ideas que van más allá de lo que permite la naturaleza del método científico. (Artigas y Popper, 1979), (Artigas, 1989).

La creencia en un modelo materialista de la realidad es
una opción personal irreprochable. Lo que es objetable es la
pretensión injustificada de convertir dicho modelo
filosófico en verdad científica.

SER O TENER UN CEREBRO

Si nos preguntamos qué es la materia seguramente recurriremos a las nociones de átomo, electrón, protón, etc.

Podemos considerar a la materia como aquello que las ciencias físicas nos dan a conocer porque se ocupan de estudiar los fenómenos materiales: cuantifican, calculan, comprueban hipótesis desde diversos modelos, etc. Por tanto, la materia se entiende como átomo y, por consiguiente, como cosa (Collado, 2014).

Si partimos desde este punto de vista, y consideramos que el cerebro en última instancia es un conglomerado de átomos, podemos concluir que el cerebro es una cosa y por consiguiente, el ser humano sería también una cosa.

Sin embargo, la experiencia de la mujer y del hombre como personas, a saber, como un ser que actúa conscientemente, es la experiencia no de algo que es cosa, sino de alguien que es y que existe, persona humana equivale a decir: ser que actúa de manera consciente porque es sujeto racional (López, 2013). Cada uno de nosotros se vive como existente, como real, en el origen de sus actos; hasta el punto de que nadie puede pensar con asentimiento que él no existe. La verdad de nuestra propia existencia se nos impone con una evidencia absoluta. Nosotros conservamos a lo largo de toda nuestra vida (dejando a un lado las anormalidades psíquicas) la conciencia de nuestraidentidad personal, la conciencia de nuestra permanencia en medio de tantos cambios, Esto no se puede explicar sin recurrir a un sujeto único, constante, permanente, que subyace en cierto modo a todos nuestros actos, hábitos y relaciones, pero que también se revela en ellos. Es cierto, en primer lugar, que cada ser humano es una subjetividad irrepetible, irremplazable. Una mujer o un hombre no es nunca un mero número en una cadena de seres idénticos sino valen por sí mismos. El destino de cada uno es estrictamente personal; no puede ser cumplido por otro. Esta es la diferencia que hay entre las personas y las cosas. Por eso la persona es un fin en sí misma; nunca un medio. Las cosas son medios, y están ordenadas a las personas, a su beneficio; pero las personas, aunque se ordenen en cierto modo unas a otras, nunca están entre sí en la relación de medio a fin; reclaman un absoluto respeto y no deben ser instrumentalizadas nunca (García-López, 1976).

Karol Wojtyla afirma que: «La naturaleza es la esencia de una determinada cosa, tomada como fundamento de su actividad. Porque si analizamos un ser realmente existente, considerando su esencia, debemos admitir que la acción de este ente es, por una parte, una prolongación de su existencia y, por otra parte, cuando se trata del contenido de esta acción, es el resultante o lo que emerge de la esencia de este ente. En la acción están contenidos, por consiguiente, los dos aspectos contenidos en el ser: la acción en cuanto acción es, en un cierto sentido, una prolongación de la existencia, una continuación de la existencia. La acción, en cuanto determinado contenido que se realiza a través de la acción misma es una especie de manifestación, de expresión, de la esencia de ese ente. Cuando decimos que el "animal actúa" o que el "hombre actúa" decimos dos cosas distintas. Y es comprensible porque el fundamento de una y otra de estas acciones es una naturaleza distinta. La acción es distinta ya que la naturaleza es distinta. Es una acción distinta por su contenido, pero ya que el ente está estrechamente unido con la existencia, la acción como expresión de la existencia, como su continuación, es igualmente distinta. Cuando decimos que el hombre es un ser racional ya estamos afirmando que es una persona. El hombre es, por naturaleza, persona. Boecio ha dicho que la persona es un individuo de naturaleza racional. Solo y exclusivamente esta naturaleza racional puede constituir el fundamento de la moralidad. La naturaleza racional es la persona, es decir, el individuo de naturaleza racional» (Wojtyla, 2010). En el acto de ser personal se ubica el sentido más profundo de la palabra intimidad: lo que hace que la persona en sí sea esta persona en concreto. Pero además permite comprender que no se puede confundir aquello que hace a un ser humano persona (núcleo irreductible) con su esencia, con su naturaleza, con el plano de las acciones, de lo que sucede en persona o lo que ella hace. Somos personas humanas no por lo que hagamos sino por lo que somos (Polo, 2006).

La subjetividad propia de la persona no la encierra en sí misma, al contrario, la abre de una manera particular a la otra persona, de manera que las relaciones interpersonales consisten en una apertura. La relación «yo-tu» abre directamente la persona a la persona. (Wojtyla, 2005).

La persona es un ser que posee voluntad, de la que deriva la libertad y la autodeterminación en tanto que es propiedad de la persona se la identifica con la libertad: la libertad es propiedad real de la persona (Wojtyla (2011).

«El ser humano viene entonces objetivizado como persona, como sujeto consciente de sí y capaz de autodeterminarse» (Wojtyla, 2005) como consecuencia, «la persona es tanto aquella que ama como aquella que es amada» (Wojtyla, 2010). Una persona es, por lo tanto, no simplemente "algo", sino "alguien". Alguien nunca es algo. Ser "alguien" no es una propiedad de algo, no es la propiedad de una cosa o de un ser orgánico que también podría ser adecuadamente descripto con tales y cuales características, en términos no personales. La persona no es un sinónimo del concepto de especie, sino, más bien, ese modo de ser con el cual los individuos de la especie "humana" son (Spaemann, 1997) .

La persona ¿es un cerebro o tiene un cerebro? Normalmente, la persona se pone delante del propio cerebro, cada individuo se sabe «portador» del cerebro pero no es el cerebro mismo. Se antepone el «yo personal» al propio órgano. El yo, como parte del propio ser consciente, es en todo caso un instrumento para profundizar en la propia identidad. El concepto de yo que es la materia fundamental de estudio de la psicología empírica no es, en realidad, el verdadero fundamento de la identidad de una persona, sino una de sus manifestaciones. Tener una duda en el nivel del yo, una duda psicológica relacionada con la propia identidad, no implica un cambio sustancial en lo que hace a este ser humano "ser él mismo". Se distingue entre las reflexiones del yo, operativas, y la propia identidad como factor objetivo, ubicada en el nivel del ser. Al ser el yo un reflejo consciente del fundamento último ontológico se puede decir que la primera y más productiva unidad de la persona humana es la que se da cuando el yo está más cerca del acto de ser personal, cuando su actividad está más y mejor enfocada hacia él y desde él. En este sentido se puede decir que el yo es "la identidad en movimiento, en proceso" pero, por lo mismo, depende de su relación con su fondo último: porque nadie puede ser al mismo tiempo, sujeto y movimiento; si hay movimiento, es porque hay un sujeto que sostiene ese movimiento y le da un mínimo de sentido. Que la persona en su yo pueda reflexionar sobre su identidad es un indicio de la gran importancia del yo en la estructura, el ser y el quehacer de esa persona; pero, al mismo tiempo, muestra que no puede ser ese yo el fundamento último de dicha identidad (Polo, 2004).

La noción de persona implica aquello que va más allá de lo biológico en el ser humano. La neurociencia, en la medida que estudia el sustrato anatómico y funcional de las capacidades del ser humano difícilmente podrá hablar de persona en su contexto. La neurociencia tradicional no da cabida a la noción de persona porque el cerebro es el actor único en el proceso cognitivo y lleva en última instancia a equiparar «yo personal y cerebro». En este contexto, la subjetividad se vuelve un epifenómeno y la libertad una ilusión: el cerebro construye un modelo del mundo que incluye nuestra vivencia subjetiva pero esta subjetividad no tiene poder causal alguno sobre las acciones del ser. En este paradigma difícilmente podemos hablar de persona. El ser queda reducido a su funcionamiento neuronal e incluso la percepción del yo no deja de ser algo secundario (Arrondo, 2018). Por ese motivo Thomas Fuchs escribe: «El cerebro humano posee una potencialidad única, que sin embargo no puede alcanzar por si mismo. El desarrollo de la mente humana, corporalizada, no solo requiere de la interacción entre cerebro, cuerpo y entorno, sino de manera esencial interacción con otros seres humanos. […] el cerebro se convierte así en un órgano formalizado social, cultural y biográficamente. […] La peculiar estructura de la individualidad humana de "encontrarse a uno mismo a través de los demás", ó de "la posición eccéntrica" también se manifiesta en las estructuras neurales. Por tanto, el cerebro se convierte en el órgano de una persona humana.» (Fuchs, 2017).

En las enfermedades mentales o en las demencias como la enfermedad de Alzheimer, no se desintegra la persona. Existe una rotura de la unidad cerebral a expensas del sustrato anatómico y neuronal que pueden dificultar la percepción y expresión de la realidad en mayor o menor grado, dando lugar a comportamientos alterados, ideas delirantes o trastornos en la comunicación, pero estos cambios secundarios a modificaciones patológicas del cerebro no inducen a un cambio ontológico de la persona, sino a un déficit en la recepción, integración y posterior emisión en el proceso de la adecuación con la realidad.

NEUROTEOLOGÍA

La Neuroteología puede definirse como un programa de investigación de las correlaciones existentes entre los fenómenos neurológicos y la experiencia religiosa (Martín, 2012).

Para ello se basa en la utilización de la resonancia magnética funcional u otras técnicas neurofisiológicas. Aunque tiene antecedentes literarios (Aldous Juxley en su libro Island, 1962), el término fue usado por primera vez con carácter científico por James B. Ashbrook en 1984, con la esperanza de que la exploración continua de las funciones cerebrales relacionadas con la religión condujera a una evaluación científica de las creencias (Blume, 2011 y Martínez, 2009).

Al fin de circunscribir el tema y adecuarlo a las posibilidades del presente ensayo es necesario puntualizar a que nos referimos al hablar de experiencia religiosa (que también podemos llamar mística o espiritual), dado que hay otras formas de experiencias que pueden tener una misma denominación pero que en realidad no son una experiencia mística genuina.

La mística se entiende como una experiencia de contacto, interacción o comunicación directos con una realidad superior, Dios. La experiencia mística está intrínsecamente aunada con la meditación y la contemplación, que son formas de oración.

La oración es el acto de la persona que expresa de forma mental y corporal la inquietud de su interior, por la cual habla con Dios y espera respuesta de Él.

La fenomenología mística es muy variada y puede manifestarse en la oración, el recogimiento interior, locuciones, audiciones, éxtasis, visiones.

Lo más importante de todo es que la primera palabra del místico es Dios, conocido y experimentado como amor. Es el punto de llegada de toda experiencia: el conocimiento de

Dios. Por tanto la experiencia mística es una gracia de Dios. En líneas generales se pueden distinguir tres tipos de mística. La mística «ordinaria», alcanzable por todos, como fruto de las virtudes y los dones de Dios; la mística «especial» o «peculiar», fruto de carismas concretos concedidos por Dios; y la mística «extraordinaria», con dones que suelen romper las leyes de la naturaleza, y que Dios concede a personas muy concretas (Sesé, 2014).

Para referirme a esta situación hablaré de experiencia mística, religiosa o espiritual.

Otro fenómeno distinto a la experiencia mística anteriormente definida sería «la meditación de tipo oriental» (de ahora en adelante la denominaremos meditación) que busca la interioridad silenciosa, aislada. Se trataría de una meditación sin Dios. No hay un compromiso con el mundo, ya que el objetivo es el total desapego del mundo, la búsqueda de la extinción del yo. Se experimentaría la disolución del yo, pero no para encontrarse con Dios como en el caso anterior, sino para fundirse con el universo, uno se hace una misma cosa con la totalidad en un sentido de atemporalidad. Con esto se puede conseguir un estado de quietud del deseo. Un sentimiento inexplicable. En este tipo de meditación no hay límites entre Dios y la criatura. No hay un concepto personal de Dios ni existe dialogo entre Dios y la persona. Es un fenómeno natural provocado por el mismo individuo.

Existen otros fenómenos que podríamos llamar «numinosos»
(Otto, 1996) en los que pueden existir una vasta pluralidad de elementos y diferentes matices en los cuales se pueden mezclar creencias, formas de comportamiento, prácticas rituales, sistemas simbólicos y experiencias subjetivas. La experiencia numinosa es una experiencia no-racional cuyo objeto primario e inmediato está más allá de sí mismo, y se presenta como una presencia que

todo lo abraza, en una condición en la que el ser humano se ve completamente desconcertado. La sensación puede llegar repentinamente como una suave marea que permea la mente con un ánimo tranquilo. Puede haber pérdida del sentido de espacio y tiempo; sensaciones positivas de paz y alegría profunda; experiencia de una absorción feliz, sensaciones de vitalidad y bienestar físico y mental continuando como un estremecimiento vibrante y resonante, hasta que finalmente se desvanece. También pueden darse situaciones siniestras y de terror: «formas feroces y demoníacas que puede hundir al individuo en horrores y espantos casi brujescos» (Otto, 1996).

Las bases neurológicas

En un amplio porcentaje de estudios centrados en la oración y en la meditación utilizando la Resonancia Magnética Funcional (IRMf) han puesto de relieve el correlato de las estructuras nerviosas con esta experiencia mística y la meditación. También es conocida la relación de neurotransmisores y sustancias psicoactivas productoras de fenómenos numinosos.

Con respecto a la oración, Mario Beauregard y Vincent Paquette identificaron mediante resonancia magnética funcional los correlatos neurales de una experiencia mística. La actividad cerebral de 15 monjas carmelitas, en perfecto estado mental, se midió mientras estaban subjetivamente en un estado de unión con Dios. Este estado se asoció con áreas cerebrales de activación significativos en la corteza orbitofrontal medial derecha, la corteza temporal media derecha, los lóbulos parietales inferiores y superiores derechos, el caudado derecho, la corteza prefrontal medial izquierda, la corteza cingulada anterior izquierda, el lóbulo parietal inferior izquierdo, la ínsula izquierda, la izquierda caudado y tallo cerebral izquierdo. Otras localizaciones de activación se observaron en la corteza visual extra-estriada. Estos resultados sugieren que las experiencias místicas están mediadas por varias regiones y sistemas cerebrales (Beauregard, 2006).

Uffe Schjoedt et al. utilizaron imágenes de RMf para investigar la actividad cerebral al realizar una oración formal e improvisada en un grupo de cristianos daneses. La oración improvisada activó la región temporo-polar, la corteza prefrontal medial, la temporoparietal y precuneus. Este hallazgo respaldó la hipótesis de que los sujetos religiosos, que consideran que su Dios es «real» son capaces de activar áreas de cognición social cuando rezan. Argumentaron que orar a Dios es una experiencia intersubjetiva comparable a la interacción interpersonal «normal». En términos de función cerebral, estos resultados sugieren que los participantes piensan en Dios como una persona en lugar de como una entidad abstracta (Schjoedt, 2009).

Dimitrios Kapogiannis et al. afirman que la religiosidad está modulada por la variabilidad neuroanatómica. Para ello determinaron si los aspectos de religiosidad se predecían por la variabilidad en el volumen cortical regional. Realizaron una resonancia magnética estructural del cerebro en 40 participantes adultos sanos que informaron diferentes grados y patrones de religiosidad en una encuesta. Identificaron cuatro componentes principales de la religiosidad por análisis factorial de los ítems de la encuesta y los asociaron con volúmenes corticales regionales medidos por morfometría basada en vóxel. Experimentar una relación íntima con Dios y participar en un comportamiento religioso se asoció con un aumento en el volumen de la corteza temporal media. Experimentar el miedo a Dios se asoció con una disminución en el volumen de precuneus y corteza orbitofrontal. Un grupo de rasgos relacionados con el pragmatismo y la duda de la existencia de Dios se asociaron con un mayor volumen del precuneus. Por lo tanto, según los autores, los aspectos clave de la religiosidad están asociados con las diferencias de volumen cortical. (Kapogiannis, 2009)

Se han investigado los correlatos neurales de la experiencia religiosa utilizando neuroimagen funcional. Nina Azari, y sus colegas del departamento de neuropsicología de la Universidad de Düsseldorf exploraron las actividades cerebrales de los participantes que leían el salmo bíblico 23, comparando un grupo de cristianos devotos con uno de los ateos declarados. Durante la recitación religiosa, los sujetos religiosos autoidentificados activaron un circuito frontal-parietal, compuesto por la corteza dorsolateral prefrontal, dorsomedial frontal y medial parietal. Estudios previos indican que estas áreas juegan un papel profundo en el mantenimiento de la evaluación reflexiva del pensamiento. (Azari, 2001).

Los estudios de neuroimagen llevados a cabo por Cahn y Polich indican un aumento de las medidas regionales de flujo sanguíneo cerebral durante la meditación. En conjunto, la meditación parece reflejar los cambios en la corteza cingulada anterior y las áreas prefrontales dorsolaterales (Cahn, 2006).

Kieran Fox et al, han revisado sistemáticamente 78 estudios de meditación de neuroimagen funcional (RMf y PET-tomografía por emisión de positrones-). Encontraron patrones de activación y desactivación cerebral para cuatro estilos comunes de meditación (atención enfocada, recitación de mantras, monitoreo abierto y compasión / bondad), y diferencias sugerentes para otros tres (visualización, retracción de los sentidos y no prácticas de doble conciencia). El estudio respaldó disociabilidad neurofisiológica de las prácticas de meditación (Fox, 2016).

Otros estudio ha evaluado sistemáticamente los efectos de la práctica espiritual[4] en el cerebro mediante pruebas neuropsicológicas combinadas e imágenes de resonancia magnética funcional. La resonancia magnética funcional mostró un aumento de las conexiones del precuneo izquierdo (en el área de la corteza cingulada posterior) y un aumento de las conexiones frontales izquierdas. Por tanto este estudio piloto muestra importantes imágenes funcionales y cambios neuropsicológicos en el cerebro con la práctica espiritual (Gupta, 2018).

La resonancia magnética se ha utilizado para evaluar el grosor cortical en 20 participantes con una amplia experiencia en meditación, que implica una atención enfocada a las experiencias internas. Las regiones cerebrales asociadas con la atención, la intercepción y el procesamiento sensorial estaban más engrosadas en los participantes en meditación que los controles emparejados, incluida la corteza prefrontal y la ínsula anterior derecha. Las diferencias entre grupos en el grosor cortical prefrontal fueron más pronunciadas en los participantes mayores, lo que sugiere que la meditación podría compensar el adelgazamiento cortical relacionado con la edad. Finalmente, el grosor de dos regiones se correlacionó con la experiencia de meditación. Estos datos proporcionan la primera evidencia

[4] El artículo habla de práctica espiritual pero se refiere a la meditación.

estructural de la plasticidad cortical dependiente de la experiencia asociada con la práctica de la meditación (Lazar, 2005).

Mediante un estudio con RMf realizado sobre 5 meditadores sin historial psiquiátrico, con un mínimo de 4 años de experiencia en Yoga Kundalini, se detectó, comparando el final frente al comienzo de la sesión meditativa, un aumento de activación en córtex prefrontal y parietal, regiones límbicas y paralímbicas –amígdala, hipotálamo, hipocampo y cingulado anterior-, y ganglios basales. Los autores interpretan sus hallazgos a modo de indicación del efectivo aumento de activación de regiones cerebrales involucradas en la atención sostenida y el control autónomo (Lazar, 2000).

Una de las formas más básicas de meditación es la meditación de concentración, en la cual se focaliza la atención en un objeto como un pequeño estímulo visual o la respiración. En unos participantes de la misma edad, usando RMf, encontraron que la activación en una red de regiones cerebrales típicamente involucradas en atención mostró que meditadores expertos tenían más activación que los novatos. La correlación con horas de práctica sugiere una posible plasticidad en estos mecanismos (Brefczynski, 2007).

En un estudio con resonancia magnética funcional se investigó las diferencias en la activación cerebral durante la meditación entre meditadores y no meditadores. Los meditadores mostraron activaciones más fuertes en la corteza cingulada anterior rostral y la corteza prefrontal medial dorsal bilateralmente, en comparación con los no meditadores. La activación de la corteza cingulada anterior rostral mayor en meditadores puede reflejar un procesamiento más fuerte de eventos de distracción. El aumento la activación en la corteza prefrontal medial puede reflejar que los meditadores son más fuertes en el procesamiento emocional (Hoelzel, 2007)

Según Newberg en esta fenomenología, no hay un circuito específico, pero sí muchas áreas que aparecen conectadas de diversas formas, dependiendo de la experiencia. (Newberg, 2009).

Sustancias psicoactivas

Hay trabajos que argumentan que la serotonina como neurotransmisor sirve como base biológica para las experiencias numinosas (Perroud, 2009; Borg, 2003).

También se ha observado que cuando los receptores corticales de serotonina (especialmente en los lóbulos temporales) son activados, la estimulación puede resultar en efectos alucinógenos (Newberg, 2010).

La noradrenalina también está involucrada en estos fenómenos y es subrayada por un decremento en la estimulación del locus ceruleus (Perroud, 2009).

Algunos estudios han encontrado variaciones de ciertos neurotransmisores durante la meditación como un incremento en la actividad GABA en el suero (Perroud, 2009).

Así mismo, las enzimas pineales incrementadas pueden también sintetizar endógenamente el poderoso alucinógeno 5-metoxidimetiltriptamina (DMT), que ha sido vinculado a una variedad de estados numinosos, incluyendo distorsión del tiempo y el espacio, y la interacción con entidades sobrenaturales (Newberg, 2010).

Existen en la naturaleza diversas especies de hongos y plantas, que contienen diferentes sustancias psicoactivas en forma de alcaloides, con potencial neurotóxico para inducir alucinaciones, ilusiones y otros estados alterados de conciencia (Spencer,1993; Rubia, 2009).

Debido a estas propiedades, han sido utilizadas en ceremonias y rituales religiosos, con el fin de facilitar las vivencias subjetivas de índole numinosa.

Se pueden clasificar en seis grupos (Brown, 1972):

1) Las fenilalquilaminas, que incluyen la mescalina, sustancia activa del hongo mexicano peyote.

2) Los derivados del ácido lisérgico, especialmente, la diatilamida del ácido lisérgico (LSD) y la ergotamina, extraída ésta última del hongo ergot.

3) Los indoles, como la psilocibina que se extrae del hongo mexicano Psilocibe, la dimeltiltriptamina (DMT), las betacarbolinas o ingredientes de la ayahuasca, así como el Stropharia cubensis.

4) Los canabinoides, obtenidos a partir de la planta Cannabis sativa, cuyo producto se conoce como hachís, marihuana.

5) Los derivados de la familia de las plantas solanáceas, concretamente, las del género Datura.

6) Otros alucinógenos, como el hongo Amanita muscaria o la bebida kava de Polinesia.

El peyote es un pequeño cactus globoso, que presenta a

la mescalina como su principal alcaloide alucinógeno. Se emplea con fines rituales y curativos en diversas zonas indígenas del norte de México (huicholes), así como del sur de Estados Unidos (indios navajos y comanches).

Existiendo relatos procedentes del s. XVI, que atestiguan su uso ritual colectivo por parte de los aztecas. Los escritos de Fray Bernardino de Sahagún, revelan las visiones espantosas que producía su consumo por parte de los Chichimecas (Sahagún, 1985).

La dietilamida del ácido lisérgico (LSD) es el alucinógeno sintético mejor conocido, siendo un alcaloide ergótico derivado tanto de un hongo como de ciertas semillas de plantas. Durante la Edad Media, el consumo de harina de centeno, en el cual parasita el hongo Claviceps purpurea, se postula pudo haber provocado los bailes de alucinados y las procesiones de posesos. A su vez, se atestigua el consumo de LSD, en diversas culturas centroamericanas, para fines rituales y religiosos. Sus efectos pueden ser alucinaciones visuales, distorsiones de la percepción e ilusiones, paranoias, ataques de pánico y alteración del juicio (Lemer, 2002). Diversos hongos alucinógenos del género Psilocybe contienen alcaloides de la familia de las indolalquilamidas, como la psilocibina. Históricamente, estos hongos alucinógenos fueron empleados con fines rituales, por lo mayas del México precolonial, bajo la denominación de teonanacátl u hongo sagrado (Wasson, 1961).

En un estudio ampliamente divulgado, Griffiths et al. encontraron que la psilocibina; el ingrediente activo de ciertos hongos, produce experiencias descritas como similares a una experiencia mística (fenómenos numinosos) por las extrañas alucinaciones que evoca (Griffiths,2006). A los 14 meses, la mayoría de los voluntarios calificaron la experiencia de la psilocibina como una de las cinco experiencias más significativas y espiritualmente significativas de sus vidas (Griffiths, 2008). La ayahuasca constituye un tipo de infusión, obtenida a partir de diversas plantas de origen psicoactivo, que está compuesta de diversos alcaloides derivados tanto de la triptamina. La constatación más antigua de su empleo parece situarse en la época pre-colombina, por parte de tribus indígenas de la cuenca del Amazonas (Schultes, 1957).

La cannabis sativa contiene más de 60 diferentes canabinoides, de los cuales el tetrahidrocanabinol (THC) supone la más importancia sustancia psicoactiva, siendo conocida y utilizada, desde hace siglos. Su intoxicación puede provocar alucinaciones, ataxia, disartria, desorientación, depresión y alteraciones mnésicas (Dalmau, 1999).

Las prácticas chamánicas con Amanita muscaria han sido registradas tanto en el Círculo Polar Ártico como en tribus de la América Nativa y en la India (López, 2017).

Por todo lo expuesto, podríamos concluir afirmando que, respecto a las drogas psicoactivas, queda evidenciado su mecanismo neuroquímico subyacente, junto a su variada sintomatología asociada. Se constata que existen en la naturaleza multitud de sustancias que, ancestralmente, han sido utilizadas por el ser humano con fines psicodélicos y, concretamente, dentro del contexto ritual religioso, para proporcionar sensaciones que suelen vincularse a vivencias de tipo numinoso.

Aspectos a considerar sobre la neuroteología

En primer lugar hay que decir que el mismo término «neuroteología» es equívoco, ya que no es el equivalente «neuro» de la teología, que se define como la ciencia que trata de Dios, de sus atribuciones y perfecciones y sobre el conocimiento que el hombre tiene sobre Él mediante la fe o la razón. En segundo lugar es que gran parte de los estudios se basan en las pruebas de neuroimagen, en particular de resonancia magnética funcional, que nos proporcionan información sobre la actividad de un cerebro vivo, pero han de ser interpretadas con cuidado, evitando caer en una nueva frenología[5].

[5] La frenología fue una pseudociencia que defendía que la forma del cráneo daba información sobre las facultades y rasgos mentales de las personas. Este movimiento se popularizó en el siglo XVIII de la mano del médico Franz Gall y contó con un gran número de seguidores, aunque perdió relevancia tras pocas décadas.

Por último, la crítica más importante es que el estudio de qué circuitos se activan al meditar o al tener una fenomenología numinosa, no tiene una relación directa con una experiencia místico-religiosa genuina, que es una experiencia subjetiva y que es un don de Dios para el creyente (Martínez,2009).

Las áreas y estructuras involucradas en las experiencias religiosas es muy amplia lo cual supone la activación de áreas cerebrales que se encuentra implicadas en otros contextos no «religiosos» (Beauregard, 2006).

La neuroteología ha secundado que la religiosidad natural en el ser humano es un aspecto necesario en la evolución humana y pretende que la neurobiología sea la única fuente de explicación de las experiencias religiosas incurriendo inevitablemente en un reduccionismo. Matthew Alper propone que nuestro cerebro está programado para creer en un Dios. Heredamos un mecanismo evolutivo que nos permite hacer frente a nuestro mayor terror: la muerte. Ese «Dios» es un proceso distribuido y no una «parte» del cerebro (Alper ,2001).

Por tanto para algunos investigadores la neuroteología aporta datos empíricos para refutar la existencia de Dios. Para ellos las experiencias «religiosas y místicas»[6]

[6] Hablan de experiencias religiosas o místicas sin hacer una distinción entre las diferencies formas genuinamente místicas, meditación o fenómenos numinosos. Normalmente se refieren a estos dos últimos aspectos.

se originan a partir de una intensa activación de las cortezas frontal y temporal como así también del sistema límbico, seguido de una desactivación del cortex parietal (Boyer, 2003; Persinger, 1983; Ramachandran, 1998).

Incluso investigadores como Persinger ha afirmado que la estimulación magnética transcraneal (TMS) con campos complejos de onda débil evoca a los sentidos presencia de un ser sensible en hasta un 80% en la población general (Persinger , 1987). Probablemente hace referencia a un fenómeno numinoso.

Así pues, la hiperestimulación crónica de áreas específicas del cerebro con pulsos electromagnéticos puede inducir esta experiencia pone de relieve, según Persinger, que su base es de carácter orgánico y nada tienen de místicas, sagradas o divinas (Persinger 2010).

Sin embargo, estos hallazgos han tenido una base neurofisiológica cuestionable. Para replicar y extender los hallazgos anteriores, se realizó un experimento doble ciego (N = 89), con un grupo de control de campo simulado. Los científicos concluyeron que las experiencias no habían sido inducidas por campos magnéticos transcraneales, sino por sugestibilidad (Granqvist, 2005).

En resumen, para muchos autores del estudio de la neuroteología se desprende que la «fe religiosa» no es sino un «estado cerebral». De hecho estas experiencias vienen acompañadas de cambios medibles en la actividad cerebral. Sin embargo conviene resaltar que la neuroteología proporciona información sobre el sustrato material de la meditación. La información neuroteológica no aporta ninguna pista sobre los orígenes de las experiencias místicas genuinas, ni sobre el sentido que éstas tiene para un individuo.

Ciertamente una experiencia mística como tal no puede existir sin un sustrato biológico y sin circuitos neuronales. ¿Se reduce de este modo la mística a un fenómeno de determinación puramente biológico-psicológica? Rotundamente no. La mística no está anclada en los circuitos cerebrales.

La neuroteología como el resto de las ciencias empíricas, se encuentran metodológicamente limitadas para resolver eficazmente esta premisa. Esto supondría un salto a un nivel de reflexión diferente pero no en el sentido empírico y/o experimental. Por tanto la ciencia no puede demostrar que las experiencias místicas no sean «reales».

En otras palabras, Dios ha configurado nuestra estructura cerebral para posibilitar nuestro vínculo con Él (Martínez, 2009) y perfila su huella para favorecer su conocimiento y el impulso que puede conducir hasta Él; es decir, que el cerebro estaría biológicamente preparado para abrir la puerta a Dios mismo (Muntané, 2008).

Y esto no está en contradicción con los cambios de actividad cerebral que se producen en fenómenos trascendentales como la oración.

Por otra parte, este argumento no menoscaba el valor de las investigaciones neuroteológicas. No obstante, hay que ser prudente con respecto al nivel de expectativas que se depositan en ellas (Gaitán, 2017).

DELIRIOS MÍSTICOS

El delirio místico es aquel estado patológico en que el paciente siente que se comunica con Díos o con los santos o bien piensa que él tiene una misión de carácter religioso y de salvación. Hay autores que opinan que estas experiencias son, mayoritariamente, una manifestación de desórdenes psicopatológicos como la epilepsia, la esquizofrenia, el trastorno bipolar o el trastorno obsesivo-compulsivo. Sostienen que las experiencias religiosas involucran síntomas parecidos a la epilepsia, por ende, la religión tendría su origen en ataques de tipo epiléptico.

Dawkins afirma que la creencia en un creador se puede calificar como un delirio, al que define como la persistencia en una falsa creencia mantenida frente a fuertes evidencias contradictorias. Dawkins simpatiza con la observación de Robert Pirsig , que dice: «Cuando una persona sufre delirio, lo llamamos locura. Cuando mucha gente sufre el mismo delirio, lo llamamos religión» (Dawkins, 2007).

Es conocido que en la epilepsia del lóbulo temporal se pueden producir delirios místicos (Slater ,1963).

Se ha observado que las experiencias durante los ataques epilépticos pueden estar acompañados de emociones intensas de la presencia de Dios, alucinaciones con su voz, la sensación de estar conectado con el infinito, alucinaciones visuales de una figura religiosa, o la repetición de una frase religiosa (Beauregard ,2012). Este tipo de alteraciones tienen que ver principalmente con el hemisferio derecho del cerebro, puesto que parece involucrado en la síntesis de estas sensaciones (Clarke, 2010).

Los pacientes con psicosis después de las convulsiones epilépticas pueden experimentar hiperreligiosidad de carácter delirante. El sistema límbico también se sugiere a menudo como el sitio crítico del delirio místico debido a la asociación con la epilepsia del lóbulo temporal y la naturaleza emocional de estas alteraciones. Las áreas neocorticales también pueden estar involucradas, sugeridas por la presencia de alucinaciones visuales y auditivas, ideación compleja durante muchas experiencias y la gran extensión de la neocorteza temporal (Devinsky , 2008; Lázaro, 2013).

Se ha descrito la denominada «presencia percibida» como un aura previa a una crisis epiléptica. El paciente tuvo hipoperfusión bilateral de los lóbulos temporales cuando fue investigado por SPECT, e hipoplasia de la parte dorsal del hipocampo izquierdo cuando fue examinado por resonancia magnética (Landtblom, 2006).

Los delirios y las alucinaciones con temas o contenidos religiosos a menudo se han informado a lo largo de la historia de la neuropsiquiatría. En la manía bipolar, pacientes con esquizofrenia , depresión psicótica y con psicosis secundaria (Buckley,1981; Guivarch, 2018).

Las alucinaciones auditivas son típicamente de Dios, el diablo, demonios, espíritus o santos. Los delirios pueden también consistir en la creencia de que uno es un salvador heroico, por ejemplo, Cristo o Buda ("síndrome del salvador"), o que una está embarazada de tal salvador ("creencia de bebé") (Brewerton, 1994).

Estudios con Neuroimágenes de Tomografía Computarizada de Emisión Monofotónica (SPECT), en individuos con esquizofrenia que estaban experimentando delirios misticos, revelaron un incremento en la captación en las áreas frontal y temporal izquierda así como reducción en la captación occipital. Esto puede reflejar la sobreactivación y disfunción de la región temporal izquierda y la potencial inhibición del procesamiento visuosensorial en las regiones occipitales (Rogers, 2006).

Urgesi ct al. descubrieron en un estudio de mapeo que el daño en las áreas parietales posteriores puede inducir cambios inusualmente rápidos de una dimensión de personalidad estable relacionada con la conciencia trascendental autorreferencial. Por lo tanto, la actividad neural parietal disfuncional puede apuntalar actitudes y comportamientos espirituales y religiosos alterados (Urgesi ,2010).

Para finalizar y a modo de resumen las anomalías neurológicas, causadas por daño cerebral, trastornos o abuso de sustancias, pueden provocar delirios místicos (Foster, 2012).

Diferenciar entre lo que es una experiencia mística en una persona devota normal y un delirio místico producto de algún desorden mental ha sido el interés de muchos investigadores que se han preocupado por la posibilidad de un diagnóstico erróneo de estas experiencias. Se han propuesto algunas características que permiten diferenciar entre una experiencia en una persona normal y otra patológica.

Una experiencia mística en personas normales no muestra sufrimiento psicológico e impedimentos socio-ocupacionales y además, hay ausencia de comorbilidades psiquiátricas. Tienen una actitud que discierne sobre la capacidad de percibir la situación y saben si se puede o no compartir con los demás (aquellos que tienen experiencias normales tienden a ser discretos sobre el asunto). Estas experiencias místicas en personas devotas y normales promueven el crecimiento personal (Moreira-Almeida & Cardeña, 2011). Es coherente y profunda. Sus experiencias son recordadas conservando su vivencia original y riqueza de detalles (Greyson,2014).

Las alucinaciones producto de ataques epilépticos tienden a ser frecuentes y regulares, las alucinaciones psicóticas suelen tener complejidad sensorial involucrando más de un sistema (Newberg & Rause, 2002). Los episodios psicóticos son prolongados y recurrentes. Son experiencias vagas e inespecíficas. Con el tiempo se desvanecen hasta olvidarse completamente (Greyson,2014).

Hay suficiente evidencia para descartar las psicopatologías como una explicación adecuada de las experiencias místicas genuinas.

Ya se ha mencionado el conocido experimento realizado por Beauregard y Paquette con quince monjas carmelitas, que confirmaron que ninguna de ellas presentaba síntomas de patologías psiquiátricas o neurológicas en momento de la investigación como tampoco en su historia pasada (Beauregard and Paquette 2006).

Los pocos estudios de la corteza parietal inferior sugieren que esta región puede estar relacionada en la experiencia mística no patológica (Taber, 2007). También puede estar implicado el lóbulo temporal (Clarke, 2010) y el córtex prefrontal (Osamu, 2004).

EL CEREBRO HA SIDO PENSADO

¿El cerebro ha sido pensado? Muchos autores responderían que no. El cerebro es el producto de una evolución biológica cuyo origen serían fuerzas ciegas, que habría desarrollado unidades de información almacenadas celularmente, junto a sofisticados métodos de corrección para errores de codificación por mutaciones introducidos al azar. Por tanto, la aparición del cerebro en el mundo es casual. Solo sería un producto más de la evolución. En su síntesis actual, los mecanismos de las teorías de la evolución para explicar el origen y desarrollo de la vida se basan bien en un indeterminismo básico o bien en la aleatoriedad de unos fenómenos que orientan los procesos. En cualquier caso, los cambios evolutivos serían contingentes, sin orientación o finalidad última. Esta comprensión, en última instancia implicaría que los hombres, como cualquier otra especie, son fruto de un evento fortuito: un resultado aleatorio fruto de la genética y de los procesos evolutivos. La especie humana sería simplemente un fruto de una cadena de vencedores por selección natural (Herce, 2016).

No es el propósito de este trabajo hacer una recopilación de todas las características de Homo, sus flujos genéticos, sus migraciones y extinciones, sin embargo filogenéticamente es comúnmente aceptado que el Homo habilis proviene del H. erectus y posteriormente evolucionaron a H. sapiens. Los cambios cognitivos de H. Sapiens se traducen en indicios de una conducta moderna, con manifestaciones sociales, tecnológicas, ecológicas, económicas y simbólicas, desde sus orígenes. El proceso de aumento de complejidad de la cultura de los H. Sapiens fue gradual, habiendo una continuidad con la de sus predecesores. La anatomía y la conducta humana se transformaron desde pautas arcaicas a modernas a lo largo de un periodo de cerca de 200.000 años (McBrearty y

Brooks, 2000).

En resumen, los factores decisivos en la evolución del hombre fueron el aumento del tamaño del encéfalo y la reestructuración cerebral, es decir, una mayor complejidad neurológica y una repentina aceleración del desarrollo cerebral (Turbón, 2006).

Para Dean Hamer creer en Dios como ideólogo del cerebro humano no es más que la expresión de un instinto humano universal inscrito en el genoma. Así pues, el cerebro estaría estructurado genéticamente para generar esta creencia. Dean Hammer sostiene la existencia de una predisposición individual a la creencia, influencia por factores genéticos, proponiendo al gen VMAT2, subyacente a los estados conscientes y emocionales, como uno de entre varios genes que inciden en dicha tendencia (Hamer, 2004). Para C. Valiente lo más probable es sostener que la creencia no se encuentre bajo la influencia de uno o varios genes, sino de la combinación de varios alelos que ejercerían efectos parciales y sumatorios. Por otra parte, algunos de estos genes serían pleiotrópicos o multifuncionales, de tal modo que influirían también en otros rasgos emocionales y comportamentales que se podrían solapar con la creencia (Valiente, 2011).

No cabe ninguna duda de que el cerebro humano es una singularidad, porque en él reside la capacidad que tiene la persona humana con respecto al pensamiento, el lenguaje abstracto, simbólico y universal; en la capacidad de conocer y controlar la naturaleza a través de la ciencia y de la técnica; en la capacidad de producir cultura; en la apertura al fenómeno religioso trascendente que le lleva a preguntarse por el sentido de su existencia, por la moralidad de sus acciones libres o por el principio y el fin de la cosas (Herce, 2016). Si el desarrollo cerebral en el proceso evolutivo nos lleva a considerar que el cerebro es una entidad casual por la cual podemos expresar y ejercer nuestro entendimiento, entonces la razón proviene de la sin razón, es decir, si el cerebro no ha sido pensado ¿cómo es posible que pueda pensar? ¿Porqué un órgano que proviene de una evolución casual y azarosa permite tener una dimensión transcendental? ¿En qué momento ocurrió este fenómeno? ¿Por qué nos podemos preguntar quién soy yo y de dónde vengo? ¿Cómo surgió la auto-comprensión que el hombre tiene de sí mismo? (Nagel, 1974).

Mario Beauregard y O'Leary proponen que en el cerebro existe una realidad inmaterial que se relaciona con la idea de la existencia de Dios, la cual no será nunca constatada sino tan sólo inferida, porque Dios no puede convertirse en objeto de estudio científico experimental. ¿Las experiencias religiosas provienen de Dios, o son simplemente el disparo aleatorio de neuronas en el cerebro? Basándose en su propia investigación con monjas carmelitas, el neurocientífico Mario Beauregard muestra que se pueden documentar eventos espirituales genuinos que cambian la vida. Ofrece evidencia convincente de que las experiencias religiosas tienen un origen no material, lo que es un argumento convincente de lo que muchos en los campos científicos son reacios a considerar: que es Dios quien crea nuestras experiencias espirituales, no el cerebro.

Beauregard y O'Leary afirman que nuestros cerebros están «conectados» a la religión. Hacen una crítica al neurocientífico que supuestamente inventó un «casco de Dios electromagnético» que podría producir una experiencia mística en cualquiera que lo haya usado. Los autores sostienen que estos intentos son equivocados y de mente estrecha, porque reducen las experiencias espirituales a fenómenos materiales.

Muchos científicos ignoran la evidencia que desafía sus prejuicios materialistas, aferrándose a la visión limitada de que nuestras experiencias son explicables solo por causas materiales. Pero el materialismo científico no puede explicar de manera irrefutable la naturaleza de las experiencias místicas. La ciencia tradicional explica estos y otros sucesos como delirios, pero al explorar las últimas investigaciones neurológicas sobre fenómenos como estos, el cerebro espiritual llega a su fuente real (Beauregard y O'Leary 2007).

Dicho lo anterior, la segunda respuesta que cabe considerar es que el cerebro ha sido pensado. Ha sido pensado por «Alguien» que es capaz de pensar un órgano de la complejidad y belleza como es el cerebro.

«El ser humano, si bien supone también procesos evolutivos, implica una novedad no explicable plenamente por la evolución de otros sistemas abiertos. Cada uno de nosotros tiene en sí una identidad personal, capaz de entrar en diálogo con los demás y con el mismo Dios. La capacidad de reflexión, la argumentación, la creatividad, la interpretación, la elaboración artística y otras capacidades inéditas muestran una singularidad que trasciende el ámbito físico y biológico. La novedad cualitativa que implica el surgimiento de un ser personal dentro del universo material supone una acción directa de Dios, un llamado peculiar a la vida y a la relación de un Tú a otro tú.» (Francisco, 2015).

En el relato del Génesis, el primer libro de la Biblia, puede leerse: « formó Yahvé Dios al hombre del polvo de la tierra, y le inspiró en el rostro aliento de vida» (*Gén* 2, 7). Según este relato el hombre ha sido creado a «imagen y semejanza de Dios» (Gn 1, 26). Esto quiere decir que Dios interviene de modo singular en el origen de cada ser humano. Ahora bien, ¿cómo se pueden relacionar el proceso de evolución que ha dado lugar al origen de los seres humanos con este hecho? La enseñanza bíblica no tiene el propósito de describir los acontecimientos biológicos ni la existencia de homínidos que precedieran al ser humano. Más bien nos indica que el hombre no surgió únicamente del polvo de la tierra, si no que Dios le inspiró un aliento de vida. Por consiguiente, lo que se deduce es que la persona humana aparece por una acción de Dios, no desde una fuerza ciega que actúa al azar sobre un material genético que se combina aleatoriamente. Cada ser humano desde su origen dispondría de un principio espiritual o alma creado directamente por Dios. Este sería el fundamento de aquel «enigma» del cerebro que la neurociencia no puede evidenciar experimentalmente mediante la tecnología actual y que la filosofía aristotélico-tomista dedujo razonadamente.

Dios creador de todo el Universo, no piensa como los seres humanos. En el libro del profeta Isaías puede leerse: «Porque no son mis pensamientos vuestros pensamientos, ni vuestros caminos son mis caminos. Porque cuanto aventajan los cielos a la tierra, así aventajan mis caminos a los vuestros y mis pensamientos a los vuestros» (Isaías 55, 8 - 9).

El actuar de Dios no es objeto de las ciencias particulares. El pensamiento de Dios es insondable e infinito. El puede haber suscitado el evolucionismo con todas las variables que se quieran. Los paleantropólogos, haciendo un trabajo formidable, pueden encontrar y datar multitud de fósiles pero ¿en qué momento tuvo lugar una intervención concreta de Dios por primera vez que diera lugar a la mujer y al hombre tal como conocemos en nuestro tiempo? En algún momento apareció esta novedad. Los seres humanos son criaturas de Dios tanto por su condición corporal, compartida con otros seres vivientes, como por su específica espiritualidad. Ahora bien, queda por identificar en qué momento comenzaron los rasgos de esa novedad ontológica que es la espiritualidad humana aquella que hace al hombre ser racional, libre y reflexivo, dueño de su obrar.

El cerebro humano es un órgano particularmente asombroso. En él Dios ha promovido unos circuitos neuronales y unos transmisores que formando una sola naturaleza con el espíritu humano nos permiten entrar en comunión con Él. Esto no está en contradicción con otras potencialidades que pueden surgir de la fisiología cerebral ni tampoco con la patología que puede acontecer distorsionando aspectos y elementos que forman parte de esta estructura nerviosa.

Aunque analizando estos procesos evolutivos parece que lo que impera es el azar y la casualidad sin ningún fin propio, Dios está detrás de todos los acontecimientos, pero hay que tener en cuenta que Dios no es accesible a nuestros sentidos y únicamente ha revelado lo necesario para nuestra salvación, pero no ha revelado los mecanismos pormenorizados de tipo biológico, físico-químico u otros desconocidos por los que ha constituido la naturaleza. «Dios creador es un Dios escondido » (Is 45,15).

La relación entre Dios y el mundo es sumamente compleja. Aunque Dios no es accesible a los sentidos, tiene que ser accesible de alguna manera a los hombres. Sin embargo el conocimiento que poseen los hombres no es suficiente para comprender cómo actúa Dios. Y, además, está el misterio: hay acciones divinas que no tienen ninguna analogía válida con las acciones mundanas ni humanas. Pero hay otras acciones, si tenemos que entender de algún modo a Dios, que sí admiten analogías. El modo de entender el desarrollo del mundo en la física moderna y contemporánea nos ayuda a entender de algún modo la acción divina, pero si sólo tenemos en cuenta eso nuestra imagen de la acción divina como hombres pierde sentido (Moros, 2010).

Puede afirmarse que Dios obra en cualquier cosa en cuanto cualquier cosa necesita su poder para actuar. Su poder es su mismo ser y está en el interior de cualquier cosa, no como parte de su esencia, sino como sosteniéndola en el ser (Gonzalez y Moros 1991).

Al hablar de creación es afirmar que todo está sostenido en el ser. Dios es aquel sin el cual nada es. La acción creadora de Dios no es una intervención en un orden ya constituido, sino la condición de posibilidad de ese orden, condición no analizable por las ciencias de la naturaleza. (Böttigheimer ,2015).

En resumen el Ser supremo (Dios), cuya esencia es existir, tiene por efecto propio de su actividad obrar el ser como tal con todas sus determinaciones. Así, el Ser subsistente en sí mismo hace ser lo que no era; crea y luego conserva el ser mismo. De este modo, la creación es operación propia de Dios. La Creación no es sino un acto eterno del entendimiento y de la voluntad divinos, crear es propiamente causar o producir el ser de las cosas (Tomás de Aquino, S.Th., I, q.45, a.6). S. Agustín escribió: «El universo fue creado en un estado no totalmente completo, pero fue dotado de la capacidad de transformarse por sí mismo desde la materia informe a un orden verdaderamente maravilloso de estructuras y formas de vida».

PLASTICIDAD CEREBRAL Y CONVERSIÓN

Plasticidad cerebral

El cerebro tiene la capacidad para reorganizarse y formar nuevas conexiones neuronales con el objetivo de adaptarse a las necesidades de cada momento. Este carácter se desarrolla, fundamentalmente, en situaciones de cambio, como por ejemplo cuando memorizamos o aprendemos algo nuevo, o en el caso de determinadas lesiones cerebrales. Esta capacidad plástica sucede a lo largo de toda la vida (Frackowiak et al, 1997; Conforto et al, 2007; Floel y Cohen, 2006).

Las neuronas son estructuras muy especializadas, resistentes al cambio, integradas en redes distribuidas que experimentan cambios dinámicos a lo largo de la vida. Estos cambios en la conectividad funcional de redes neurales pueden seguirse de cambios estructurales más estables. Por lo tanto, el cerebro está continuamente sometido a una remodelación plástica.

La plasticidad no es un estado ocasional del sistema nervioso, sino el estado de normalidad del sistema nervioso durante toda la vida. No es posible comprender el funcionamiento psicológico normal, ni las manifestaciones o consecuencias de la enfermedad, sin considerar el concepto de plasticidad cerebral.

Santiago Ramón y Cajal, padre de la neurociencia, ya estudió el hipocampo y lo plasmó en una de sus maravillosas láminas. El hipocampo ha sido objeto de numerosas investigaciones y hoy se le atribuyen dos funciones: su papel es fundamental en la memoria y es responsable de la navegación que realizamos por el espacio. Además es una de las pocas estructuras donde se generan nuevas neuronas.

En relación a la memoria, el hipocampo es responsable

del paso de la memoria a corto plazo a la memoria a largo plazo. Contiene también las neuronas que nos indican dónde estamos y cómo orientarnos en un espacio determinado.

Maguire se preguntó si igual que cuando ejercitamos un músculo éste crece, ¿crecen también las áreas cerebrales que ejercitamos? Para comprobarlo estudió el cerebro de los taxistas de Londres[7].

[7] En el momento que se realizó el trabajo los taxistas de Londres debían superar una durísima prueba para obtener la licencia: *The Knowledge* y se tenían que memorizar 25.000 calles y miles de lugares. El aprendizaje medio era de 3 a 4 años y solo la mitad de los aspirantes pasaba la prueba.

En el estudio Maguire concluyó que en los taxistas es mayor el hipocampo posterior (Maguire, 2000).

Se han realizado trabajos que ponen de relieve este fenómeno funcional y anatómico. Así, el entrenamiento musical tiene las condiciones necesarias para poder estudiar la plasticidad cerebral en los humanos, ya que es una de las actividades de la vida diaria más complejas y multimodales. La investigación arroja información sumamente relevante de cómo el cerebro humano está constantemente reorganizándose cuando se enfrenta a nuevas demandas o influencias ambientales determinadas. Las investigaciones descritas llevan a dar cuenta de las diferencias halladas entre músicos y no-músicos. Los músicos tienen diferencias estructurales y funcionales con los sujetos no-músicos debidas al entrenamiento intenso llevado a lo largo de la vida (Justel y Diaz, 2012).

Otro estudio mediante resonancia magnética funcional ha puesto de relieve el remodelado de los sistemas cerebrales específicamente implicados en el lenguaje tras una lesión focal ocurrida desde el período perinatal hasta la adolescencia temprana (Narbona y Crespo-Eguílaz, 2012).

Es importante subrayar que el nivel de complejidad del fenómeno de la plasticidad cerebral es tan elevado, que su comprensión requiere del enfoque de una biología de sistemas, modelos computacionales de plasticidad sináptica y neuro-informática (Mathern et al, 1996).

Existe una correlación biunívoca entre la conducta humana y la plasticidad cerebral. Los actuales hallazgos han conducido a un mayor entendimiento sobre cómo ocurren los cambios tanto en el funcionamiento cerebral y en el comportamiento (Kleim & Jones, 2008; Robertson & Murre 1999).

Hay que considerar que la conducta está determinada por muchos componentes no visibles directamente, fruto de aprendizajes previos, muchas veces no accesibles directamente a la conciencia.

Desde que se descubrió el factor de crecimiento cerebral (neurotrofinas) se han desarrollado una serie de supuestos que intentan explicar cómo ocurren los cambios tanto anatómicos como funcionales a nivel del sistema nervioso, (Lorigados-Pedre & Bergado-Rosado, 2004). y han permitido esclarecer aún más el entendimiento sobre cómo se fortalece durante distintos periodos la eficiencia sináptica, dando como resultado final los procesos de aprendizaje y memoria y, por consiguiente, los cambios que acompañan al comportamiento.

La conducta humana está modelada por los cambios ambientales y las presiones, las modificaciones fisiológicas y las experiencias. El cerebro, por tanto, debe tener la capacidad de cambiar de manera dinámica en respuesta a estímulos y demandas cambiantes.

Conversión

La clásica definición fenomenológica de la conversión es aquélla de Gerardus Van Der Leeuw (1890-1950), según la cual, se trata de un nuevo nacimiento: la experiencia vivida en la conversión es una nueva vida que comienza, todo es transformado (Van Der Leeuw, 1970).

La conversión cristiana, entre otras cosas, entraña un cambio de comportamiento. Ese cambio no necesariamente es repentino sino que puede obedecer a un proceso más o menos largo. «Convertirse» es poner en tela de juicio el propio modo de vivir, rechazar la autosuficiencia, abandonar las seguridades personales y dejar entrar a Dios en los criterios de la propia vida. La conversión cristiana no consiste simplemente por tanto, en una decisión moral de cambio de vida, sino en una elección de fe. La meta final de la conversión es el «sí» total y la entrega de la propia existencia en el encuentro con Jesucristo. Pero, al igual que en el acto de fe, debe insistirse también en que es sólo Dios el que convierte al hombre. La conversión cristiana no es autorrealización o creación de sí mismo si no renuncia a ser el artífice de la propia vida para aceptar depender de Otro. La conversión exige que la verdad, la fe y el amor lleguen a ser más importantes que nuestra vida biológica, que el bienestar, el éxito, el prestigio y la tranquilidad de nuestra existencia; y esto no sólo de una manera abstracta, sino en nuestra realidad cotidiana y en las cosas más insignificantes. La conversión es siempre consecuencia y fruto de la acción salvífica de Dios (Alonso, 2010).

La conversión cristiana es obra de la gracia de Dios. La gracia es el favor, el auxilio gratuito que Dios nos da para responder a su llamada. La conversión depende enteramente de la iniciativa gratuita de Dios. Sobrepasa las capacidades de la inteligencia y las fuerzas de la voluntad humana. Además, la gracia es necesaria para suscitar y sostener nuestra colaboración, pues sin Él no podemos hacer nada.

Sin embargo la libre iniciativa de Dios exige la respuesta libre del ser humano, porque Dios creó al hombre y a la mujer a su imagen concediéndoles, con la libertad, el poder de conocerle y amarle (CIC, 1999).

En un proceso de conversión cristiana por amor a Dios, el cerebro, que forma una sola naturaleza con el espíritu humano (alma), debe experimentar cambios y modificaciones que tecnológicamente son imperceptibles. No obstante, no parece absurdo pensar que si estos cambios se producen como respuesta a múltiples situaciones como lesiones cerebrales, rehabilitación, farmacoterapia, estimulación eléctrica o magnética, terapias génicas y células madres (Dombovy, 2011), también se producirán de alguna manera por la acción de la gracia. Actualmente no es posible demostrar experimentalmente este fenómeno, pero considerar este hecho no carece de fundamento. La acción de la gracia actúa en el espíritu y posiblemente se produce un proceso de modulación a través de redes neuronales, seguida, probablemente, de cambios estructurales más estables. Todo ello promovería modificaciones en la organización cerebral y cambios en la conducta del converso. Las variaciones plásticas en todos los sistemas cerebrales variarían en función de las diferencias en los patrones de conexión existentes y en los factores de control molecular y genético que definirían el alcance, magnitud, estabilidad y cronometría de la plasticidad. No obstante, esto sería una parte dentro de todo el complejo proceso de la conversión, dado que entran en juego otros aspectos como la libertad, la voluntad y la inteligencia que intrínsecamente tienen operaciones propias.

Otros autores (Lofland y Skonovd, 1981) distinguen otras formas de conversión que pueden depender de la presión social, la duración temporal de la experiencia de conversión, la «excitación afectiva», el contenido de la experiencia de conversión, la relación entre creencia en las doctrinas y la participación en las actividades del grupo al que uno se convierte. En cualquier caso existen una serie de estímulos externos que de alguna manera interaccionan con la estructura cerebral que se modifica según los parámetros anteriormente mencionados.

Una forma de conversión puede ser la intelectual, la cual puede ocurrir sin contacto directo con el grupo al que uno se convierte. Puede ser leyendo literatura de propaganda o, más comúnmente, viendo la televisión o Internet, sin conocer personalmente ni siquiera a un miembro del grupo, al que se acercará a continuación, pero al que uno se considera ya convertido.

La conversión experimental, mucho más frecuente y típica de la sociedad contemporánea, característica, por contra, de quien decide intentar, casi como «experimento», una participación prolongada durante un tiempo en las actividades de una nueva religión para «ver cómo es». Este tipo de conversión «experimental» se encontraría frecuentemente en los Testigos de Jehová y en la Iglesia de la Cienciología.

La conversión afectiva que pasa por el desarrollo de lazos afectivos.

Existe la denominada conversión como despertar que es característica de las conversiones obtenidas por predicadores televisivos americanos.

Por último, la conversión coercitiva que es extremadamente rara y se daría sólo en el caso de individuos ya afligidos por graves problemas psicológicos, o cuando se está frente a grupos que atraen a sus adeptos a comunidades cerradas donde pueden sufrir presiones y amenazas, incluso de orden físico (Introvigne, 2010).

La literatura psicológica en el tema de la conversión se ha concentrado durante mucho tiempo sobre la polémica en torno a la metáfora del «lavado de cerebro». Siguiendo el argumento del que se está hablando, aunque sea una metáfora seguramente existe en este proceso una modificación sináptica y neuronal. Sobre la base de la teoría del «lavado del cerebro» ha nacido también la práctica de la así llamada «desprogramación», es decir, el secuestro de miembros mayores de edad de los nuevos movimientos religiosos para someterlos a una serie de técnicas, en las cuales los «desprogramadores» tratan de inducirles a renunciar a su adhesión al movimiento por medio de técnicas de presión psicológica y, en algún caso, física (Introvigne, 2010).

INTERDISCIPLINARIEDAD E INTEGRACIÓN

En la filosofía de la mente pueden analizarse diferentes posiciones con respecto a la mente y al cuerpo (cerebro). En primer lugar tenemos el dualismo (por ej., Descartes, Popper, Eccles). Según esta postura, la mente y el cuerpo son dos ámbitos diferentes de la naturaleza humana, que de todos modos pueden entrar en relación causal interactiva. La mente (o el alma) mueve al cuerpo, que viene a ser así como un instrumento físico del alma. Las correlaciones entre los actos mentales y los circuitos cerebrales se interpretan como relaciones causales. De aquí resulta que la neurociencia y la filosofía son autónomas, pues cada una tiene su campo propio, y por tanto pueden ignorarse entre sí, aunque también pueden entrar en relación, más bien extrínseca.

En segundo lugar tenemos el monismo neural. Para esta posición el espíritu o el alma no existen. Somos completamente corpóreos y no hay más realidad que la corpórea. Las supuestas operaciones espirituales son funciones cerebrales. El cerebro inventaría la ilusión del yo, del pensamiento, del amor, por motivos sociales y prácticos. Esta posición es auto-refutativa, porque una apariencia fenoménica no corpórea es, de todos modos, una realidad no corpórea. Si el cerebro crea una auto-representación de sí mismo como un todo (el "yo"), esto significa que ya hay algo no corpóreo, aunque sea creado por el cerebro.

En un tercer grupo pueden incluirse los funcionalismos, especialmente de tipo «computacional». Esta posición reduce las operaciones psíquicas a funciones del cerebro de tipo informático, siguiendo la analogía entre el software y el hardware de la computadora. El funcionalismo computacional es, sin embargo, un nuevo tipo de reduccionismo: la mente no se reduce ahora al cerebro, sino a una función computacional del cerebro. De aquí surgirá la dificultad de explicar ontológicamente la distinción entre una persona y una máquina de computación que en apariencia o en teoría hiciera o simulara todo lo que puede hacer una persona. Otra froma de funcionalismo es el emergentismo. Éste reconoce que por encima de las estructuras neurales «emerge» algo cualitativamente nuevo (la conciencia), irreductible al plano fisiológico. El fisicalismo no reduccionista es una posición que reconoce el carácter originario de los actos mentales (pensamiento, decisiones morales) como un estrato superior del cerebro, sin llegar por eso a la afirmación de la existencia de un alma como algo realmente distinto del cuerpo, lo cual sería dualismo.

En la visión de Tomás de Aquino, el alma humana es el acto substancial de un cuerpo orgánico. Alma (principio intelectivo) y cuerpo son los constitutivos esenciales de la persona humana, que es esencialmente unitaria. El alma espiritual humana trasciende el cuerpo, pero a la vez está esencialmente ligada a él, en cuanto es su acto esencial, el que lo constituye como tal, es decir, como cuerpo personal humano. Por eso, pensamos y razonamos con la intervención intrínseca y esencial del cerebro, pues para pensar necesitamos la base sensitiva que se elabora y se conserva en las estructuras cerebrales, si bien al mismo tiempo nuestro pensamiento va mucho más allá del cerebro. Precisamente por esto podemos comprender el mundo de los cuerpos y sus posibilidades en sus estructuras metafísicas, trascendiendo completamente el ámbito espacio-temporal de las cosas físicas concretas. La posición tomista no reduce el ser humano ni a alma ni a cuerpo. No es dualista en el sentido cartesiano, porque ve al alma no como una entidad, sino como un acto unitario de una materia viviente compleja y organizada, y al cuerpo lo ve como informado por el acto que es el principio constitutivo espiritual. Nuestro espíritu está encarnado o enraizado en una materialidad, a la que sin embargo trasciende. Esta trascendencia no significa que el cuerpo sea accidental, sino que el alma, posee también un nivel más alto, pero que igualmente posee un soporte cerebral, en el que ya no está abocado a la mera sustentación de actuaciones vegetativas, sino a la realización de actos intencionales y socializados como son el conocimiento intelectual y el amor personal en su vinculación a otras personas, al mundo y a un Dios personal.

Con la visión tomista resulta más fácil abordar sin equívocos las temáticas específicas en las que la neurociencia, la filosofía y la teología pueden ser competentes en un planteamiento interdisciplinar. Una neurociencia cerrada a la filosofía se expone al reduccionismo, es decir a hacer filosofía sin darse cuenta, de modo reductivo. Si los logros de la neurociencia en la comprensión del funcionamiento del cerebro y en la identificación del sustrato biológico de estados mentales son interpretados de un modo naturalista, plantean un desafío a la postura tradicional que afirma que somos agentes responsables de nuestras acciones conscientes e intencionadas. Si el alma humana no puede ser constatada científicamente, entonces debe ser ilusoria. A largo plazo, no es satisfactorio separar completamente el lenguaje teológico del lenguaje neurocientífico. Por otra parte, si las creencias son reducibles a estados del cerebro, se resuelve el debate con la teología considerándola como un interlocutor no válido. La teología tendría, por tanto, que ser reemplazada por la neuroteología. La neuroteología tendría que explicar cómo el cerebro crea a Dios. Sin embargo, no habría logrado dar cuenta de las preguntas teológicas fundamentales como la existencia de Dios y otras. La neurociencia intenta explicar lo que ocurre en la mente. Sin embargo, esa aproximación al problema falla al querer dar cuenta de varios fenómenos importantes, como, por ejemplo, de nuestra capacidad de actuar como agentes (Runggaldier, 2013).

Las relaciones entre la neurociencia y la filosofía, de suyo son positivas e interactivas y sirven para que una y otra disciplina se enriquezca recíprocamente. Cada una de ellas aporta su perspectiva. La filosofía tiene que contar con datos de la experiencia ordinaria y científica y aporta un significado esencial a esos conocimientos. La neurociencia aporta conocimientos concretos y empíricos. La interacción entre estas dos disciplinas no lleva a resultados inmediatos espectaculares, sino que poco a poco va sugiriendo precisiones, líneas de estudio, correcciones, finura de vocabulario, eliminación de equívocos. Todo acto humano tiene una base neural, necesaria pero no suficiente para su realización.

Los vínculos entre la neurociencia y la teología pasan casi siempre a través de la mediación de la filosofía.

Todo lo que se diga sobre la conciencia y la libertad, tanto antropológicamente como en el plano ético, afecta a la fe cristiana y por tanto tiene repercusiones en la teología (sobre todo moral). Las relaciones fe-razón son de mutua complementariedad. Por eso, la visión teológica del hombre es orientativa de cara a los valores humanos (Sanguineti, 2015).

La teología que elabora su discurso a partir de una formalidad (la luz de la revelación), es una oportunidad para aportar una reflexión de la interdisciplinariedad de las neurociencias pues invita a concebirse como discurso abierto a otras narrativas y a evitar así los reduccionismos metódicos, de horizonte del saber y de su función en el mundo. La revelación en el discurso teológico también permite enriquecer la comprensión de lo que la neurociencia revela como luz propia. Es importante tener la actitud de gestionar un diálogo auténtico, recurriendo a la mediación de la reflexión y la hermenéutica. Esto representa una invitación a la neurociencia a dejarse configurar en su estatuto interno y en su lenguaje, para que así responda a los problemas que ella mismo no puede responder como la búsqueda humana que quiere descubrir a Dios. No obstante, el encuentro entre neurociencias y teología requiere una mediación reflexiva entre ambos campos de lenguaje, de esta forma, las neurociencias pueden aportar elementos vitales a la teología, para ayudar a comprender la manera como el sustrato neurobiológico cerebral hace de la experiencia humana el lugar constitutivo de la revelación de Dios (Valenzuela, 2018).

El tema de Dios está en el centro del debate dentro del contexto neurocientífico y, según hemos visto, tiene un significado.

En términos generales, parece claro que la noción de Dios, como habitualmente se entiende en el ámbito filosófico o teológico, no puede ser objeto de la neurociencia, ya que esta examina lo real en tanto que puede ser verificado experimentalmente.

La filosofía puede plantear la noción de Dios, hasta formular conclusiones acerca de su existencia, a partir del análisis de lo que es el cerebro y su complejidad operativa. Considerar que el cerebro humano es fruto únicamente de la evolución ciega, y que no tiene ninguna finalidad, es absurdo. Otra cosa es saber cómo actúa Dios y que parámetros ha establecido para configurar un órgano de estas características. No obstante llegar a la noción de Dios por medio de la racionalidad científico-filosófica no significa demostrar la existencia de Dios en el contexto de la racionalidad de las ciencias empíricas, porque esto sería contradictorio, a causa del objeto propio de un análisis científico que no puede tener a Dios como objeto adecuado.

El funcionamiento cerebral está ligado al orden natural y existe una capacidad humana de conocer este orden natural objetivamente. Sin embargo, en la base de la neurociencia se encuentra la filosofía de la naturaleza, y en la base de la filosofía de la naturaleza existe la ontología que debe afrontar el problema de la contingencia del ser. No hay que olvidar que el ser humano es contingente y por consiguiente el cerebro humano también lo es.

Para que la neurociencia pueda estudiar el cerebro, es necesario que éste exista pero la neurociencia no puede dar razón de su existencia.

El análisis empírico que se realiza en la neurociencia requiere por lo tanto dos condiciones: que el cerebro material, como ente, exista, y que exista según una naturaleza específica.

Las nociones de «ente» y de «esencia o naturaleza», propias de la filosofía de la naturaleza, no son deducibles dentro del método de las ciencias experimentales, no obstante hacen que estas ciencias sean posibles. Reconocer la existencia de tales presupuestos ontológicos es reconocer un área semántica de inteligibilidad que trasciende lo real físico-empírico. La negación de esta área semántica que trascienda el análisis empírico de las ciencias experimentales y entre ellas la neurociencia, aboca a una ciencia autorreferencial que ignora el problema del ser dando lugar al materialismo.

Por tanto, la investigación neurocientífica percibe la necesidad de tener que admitir un fundamento externo a su método cuando reconoce que el análisis del cerebro físico parte siempre de magnitudes medibles, implícitamente asumidas (estructura neuronal, sinapsis, neurotransmisores, receptores, proteínas, impulso nervioso). Por consiguiente, la existencia de un fundamento ontológico que dé razón del ser y de la específica esencia del cerebro humano, que sea también la causa y la razón última de la presencia de una forma (el «enigma» del cerebro) que trasciende la materia misma, no debe ser para la neurociencia un contrasentido sino que debe ser razonable.

Uno de los caminos por los que el neurocientífico puede acceder a la noción de Dios como fundamento ontológico es la reflexión sobre las propiedades físico-químicas del sustrato neuronal del cerebro, sus leyes fisiológicas y sus operaciones mentales y cognitivas.

Einstein escribió: «Es cierto que como fundamento de todo trabajo científico un poco importante está la convicción, análoga al sentimiento religioso, de que el mundo se haya fundado sobre la razón y puede ser comprendido. Este convencimiento, ligado al sentimiento profundo de la existencia de una mente superior que se manifiesta en el mundo de la experiencia, constituye para mí la idea de Dios» (Einstein, 1988).

Paul Davies puso de relieve: «A lo largo de mi trabajo científico he llegado a creer, cada vez con más fuerza, que el universo físico está construido con un ingenio tan sorprendente que no logro considerarlo meramente como un hecho puro y simple. Me parece que debe existir un nivel más profundo de explicación. Si se desea llamar Dios a tal nivel, se trata de una cuestión de gusto y de definición» (Davies, 1993).

La neurociencia no puede demostrar que el orden de la estructura cerebral responde a un «diseño preliminar». Tampoco puede demostrar la existencia de una causalidad final de tipo intencional.

«Una actitud religiosa, básicamente, implica la apertura hacia Dios y una nueva perspectiva que surge de la contemplación de las dimensiones divinas del mundo y de cada una de sus partes, especialmente de los demás seres humanos. En la medida en que el progreso científico favorece este punto de vista, se puede considerar una fuente de inspiración religiosa» (Artigas, 1999).

Por tanto el cerebro humano se nos «muestra» como un «ente dado» que la neurociencia no crea, sino recibe; y por tanto puede dar lugar a una experiencia religiosa que «reconoce lo dado como don».

El estudio neurocientífico sigue manifestando una apertura al «misterio» y resulta siempre razonable preguntarse si tiene una explicación; la investigación de esta explicación remite a una noción que no es considerada un contrasentido; sino que adquiere significado: la existencia de Dios.

La neurociencia, filosofía y teología proporcionan visiones distintas, desde diferentes perspectivas de los hechos y precisamente por ello se complementan entre sí. No pueden someterse ninguna de ellas a las otras y, si están sabiamente aplicadas, no pueden contradecirse entre sí.

«Exclusivamente el científico acierta a comprender algo de ese lenguaje misterioso que Dios ha escrito en la Naturaleza; y a él solamente le ha sido dado desentrañar la maravillosa obra de la Creación para rendir a lo Absoluto el culto más grato y acepto, el de estudiar sus portentosas obras, para en ellas y por ellas conocerle, admirarle y reverenciarle» (Ramón y Cajal, 2011).

Juan Pablo II escribió: «Los hallazgos descritos relativos a la memoria humana, fundamentados en el método científico, son coherentes con mi visión personal del hombre. Para mí, el hombre puede explicarse porque en él hay un componente espiritual, que está tan estrechamente unido a su cuerpo, que su unión constituye una única naturaleza, la humana. Por tanto, en el caso del hombre esas estructuras cerebrales concretas de cuyo correcto funcionamiento depende la integridad de su memoria, pertenecen al cerebro de un 'cuerpo espiritualizado' o un 'espíritu corporeizado', como ha definido al hombre uno de los pensadores de mayor relieve de los últimos tiempos» (Juan Pablo II, 1994).

Desde la neurociencia se ha explicado que el ser humano posee las estructuras necesarias para realizar todas las funciones que corresponden a su naturaleza: desde las más sencillas a las intelectualmente más complejas. Muchas de estas funciones del hombre sobrepasan los límites de la materia y son, por tanto, transcendentales. Por su transcendencia conviene utilizar otras ciencias no experimentales, no por ello menos importantes en la adquisición de conocimiento: la filosofía y la teología. Por tanto, el hombre que forma una unidad sustancial (cuerpo y alma) constituye un sujeto unitario transcendente. Y por este hecho, sus funciones y capacidades van más allá de los límites de lo neurobiológico. Este abordaje multidisciplinar permite decir que, entre otras muchas capacidades y funciones que tiene el cerebro, en el hombre se dan aspectos, que teniendo una base neurobiológica, la trascienden verdaderamente, y hacen que sea un cerebro humano (Reinoso-Suárez, 2018).

La conciencia de nuestros pensamientos, afectos y de la misma presencia unitaria de nuestro yo, no corresponde a una captación de algo material. La neurociencia comienza estudiando el cerebro según sus características observables considerando las neuronas, sinapsis o la actividad bioeléctrica encefálica. Todo esto puede estudiarse observando y midiendo los procesos cerebrales desde fuera. El problema surge cuando la neurofisiología se pone en correspondencia con la psicología. La neurociencia entra en el mundo psicológico y de alguna manera lo explica materialmente. Toda lesión orgánica de las áreas correspondientes a los procesos cognitivos produce un déficit correspondiente. La neurociencia nos demuestra que el sistema nervioso controla materialmente la conducta de conjunto del cuerpo. No existe una acción humana, ni siquiera un acto de oración o un pensamiento matemático, que no se relacione con alguna actividad cerebral. No obstante, la neurociencia no puede conocer lo psíquico privado: sólo yo puedo sentir mi dolor. Por tanto, los conceptos físicos no ayudan por sí mismos a comprender esos actos internos, que se conocen sólo si se experimentan.

BIBLIOGRAFÍA

Abdul Hamid, K., Yusoff, A.N., Rahman, S., Osman, S.S., Azmi, N.H., Surat, S. y Ahmad Marzuki, M. (2019). Respuestas diferenciales corticales durante las tareas de pensamiento divergente después de la estimulación de la creatividad. Psychology & Neuroscience. 12 (3), 342–362. https://doi.org/10.1037/pne0000168

Alonso, J. (2010). La metánoia como lógica de la fe. Scripta Theologica. VOL. 42.

Alper, M. (2001). The "God" part of the brain. Rogue Press.

Amunts, K., Ebell, C., Muller, J., Telefont, M., Knoll, A., Lippert, L. (2016). The Human Brain Project: Creating a European Research Infrastructure to Decode the Human Brain. Neuron. 92:574-581.

Anumanchipalli, G.K. , Chartier, J. , Chang, E.F. (2019). Speech synthesis from neural decoding of spoken sentences. Nature. 568(7753):493-498. doi: 10.1038/s41586-019-1119-1.

Arana, J. (2015). La conciencia inexplicada. Biblioteca nueva.

Arana, J. (2017). La filosofía en el diálogo ciencia-religión. Una propuesta a partir de la obra de Mariano Artigas. Grupo de investigación ciencia, razón y fe (CRYF) Universidad de Navarra. Pamplona. España.

Armstrong, D. (1980). The Nature of Mind (Brisbane: University of Queensland Press); Publicado originalmente en Borst CV, editor. The Mind/Brain Identity Theory (Londres: Macmillan; 1970).

Arrondo Ostiz, G. (2018). Ponencia presentada en la Semana de Investigación Interdisciplinar "Del yo a la persona", en la Universidad Austral, Campus de Pilar (Buenos Aires, Argentina). Grupo Mente-Cerebro. Instituto Cultura y Sociedad. Universidad de Navarra.

Artigas, M. (1989). Filosofía de la ciencia experimental, Ediciones Universidad de Navarra, Pamplona.

Artigas, M. (1999). The Mind of the Universe. EUNSA.

Artigas, M., Popper, K. (1979). Búsqueda sin término. Magisterio Español. Madrid.

Azari, N. P., Nickel Stoerig, J., et al. (2001): Neural Correlates of Religious Experience. European Journal Of Neuroscience 13.

Bardin, J.C., Fins, J.J., Katz, D.I., Hersh, J., Heier, L.A., Tabelow, K., Dyke, J.P., et al. (2011). Dissociations between behavioural and functional magnetic resonance imaging-based evaluations of cognitive function after brain injury. Brain. 134: 769-82.

Beauregard, M. (2012). Functional Neuroimaging Studies of Emotional Self-Regulation and Spiritual Experiences. En A, Moreira-Almeida & F. Santana (Ed.) Exploring Frontiers of the Mind-Brain Relationship. 113-142. New York: Springer Science+Business Media.

Beauregard, M. y O'Leary, D. (2007).The Spiritual

Brain: A neuroscientist's case for the existence of the soul.

Beauregard, M. y Paquette, V. (2006). Neural correlates of a mystical experience in Carmelite nuns. Neuroscience Letters. 405: 186–190.

Bennett, C.M., Miller, M.B. (2010). How reliable are the results from functional magnetic resonance imaging? Ann N Y Acad Sci. 1191: 133-55.

Blume,M. (2011). God in the brain? How much can Neurotheology explain? In: Becker,P./ Diewald,U.(Eds). Zukunftsperspektiven im theologisch-naturwissenschaftlichen dialog. Vandenhoeck & Ruprecht. S 306-314.

Borg, J., Andrée, B., Soderstrom, H., et al. (2003). The serotonin system and spiritual experiences. American Journal of Psychiatry. 160:1965-9.

Böttigheimer, C. (2015). ¿Cómo actúa Dios en el mundo? Ediciones Sígueme.

Boyer, P. (2003). "Religious Thought and Behaviour As By-products of Brain Function". Trends in Cognitive Sciences. 7(3): 119 -124.

Brefczynski-Lewis, J.A., Lutz, A., Schaefer, H.S., Levinson, D.B., Davidson, R.J. (2007). Neural correlates of attentional expertise in long-term meditation practitioners. Proc Natl Acad Sci. USA, 104 (27), 11483-11488.

Brewer J.B. , et al. (1998). Making memories: brain activity that predicts how well visual experience will be remembered. Science ; 281: 1185-1187.

Brewerton, T.D. (1994). Hyperreligiousity in psychotic disorders. Journal nervous and mental disease. 182:302-4.

Brown, F.C. (1972). Hallucinogenic drugs. Sprinfield: C.C. Thomas.

Buckley, P. (1981). Mystical experience and schizophrenia. Schizophr Bull. 7(3):516-21.

Cahn, B.R. , Polich, J . (2006). Estados y rasgos de meditación: EEG, ERP y estudios de neuroimagen. Psychol Bull. 132 (2): 180-211.

CIC (1999). Catecismo de la Iglesia Católica. Cf puntos 1996-2005.

Clarke, I. (2010). Psychosis and Spirituality Revisited: The Frontier is Opening Up! En I. Clarke (Ed.) Psychosis and Spirituality: Consolidating the New Paradigm (pp. 1-6). EE.UU: John Wiley&Sons, Inc.

Clarke, I. (2010). Psychosis and Spirituality Revisited: The Frontier is Opening Up! En I. Clarke (Ed.) Psychosis and Spirituality: Consolidating the New.

Collado S. (2014) ¿Todo es materia? ¿Es el materialismo la única interpretación posible? En F.J. Soler Gil – M. Alfonseca (coords.), "60 preguntas sobre ciencia y fe respondidas por 26 profesores de universidad". Madrid: Stella maris, 122-7.

Collado, S. (2014) ¿Ha quedado obsoleta la noción de alma?. En F.J. Soler Gil – M. Alfonseca (coords.), "60 preguntas sobre ciencia y fe respondidas por 26 profesores de universidad". Madrid: Stella maris, 169-75.

Conforto, A.B., Cohen, L.G., Dos Santos, R.L., Scaff, M., Marie, S.K. (2007). Effects of somatosensory stimulation on motor function in chronic cortico-subcortical strokes. J Neurol. 254 (3):333-339.

Corazón, R. (2002). Filosofía del conocimiento. EUNSA.

Crick , F. and Koch, Ch. (1990). Towards a neurobiological theory of consciousness. Seminars in the Neurosciences. 2: 263-275.

Crick, F. (1995). The Astonishing Hypothesis: The Scientific Search for the Soul. New York: Scribner.

Custodio, N., Cano-Campos, M. (2017). Effects of music on cognitive functions. Rev Neuropsiquiatr 80 (1).

Dalmau, A., Bergman, B., Brisma,r B. (1999). Psychotic disorders among inpatients with abuse of cannabis, amphetamine and opiates. Do dopaminergic stimulants facilitate psychiatric illness? Eur Psychiatry, 14, 366-71.

Damasio, A. (2006). El error de Descartes. Barcelona: Crítica.

Davies, P. (1993). La mente de Dios. Mondadori, Milano.

Dawkins, R. (2007). El Espejismo de Dios. España:

Espasa Calpe.

Deus, J. (2009) ¿Se puede ver el dolor? Reumatol Clin. 5: 228-32.

Devinsky, O., Lai, G. (2008). Spirituality and religion in epilepsy. Epilepsy Behav. 12(4):636-43.

D'Holbach. Sistema de la naturaleza (1770). Sistema de la Naturaleza. Baron D'Holbach. Editora Nacional. 2019.

Di Salle, F., Formisano, E., Linden, D.E.J. (1999). Exploring brain function with magnetic resonance imaging. Eur J Radiol. 30: 84-94.

Dombovy, M.L. (2011). Introduction: the evolving field of neurorehabilitation. Continuum lifelong learning. Neurol. 17 (3):443-448.

Echarte, L. (2007). Inteligencia e intencionalidad. ScrTh; 39 (2): 637-665.

Einstein, A. (1988). Come io vedo il mondo. Newton Compton, Roma.

Fernández-Mayoralas, D.M., Fernández-Jaén, A., García-Segura, J.M., Quiñones-Tapia, D. (2010). Neuroimagen en el trastorno por déficit de atención/hiperactividad. Rev Neurol. 50 (Suppl. 3): S125-S133.

Fleck, D.E., Eliassen, J.C., Durling, M., Lamy, M., Adler, C.M., Delbello, M.P., Shear, P.K., et al. (2010). Functional MRI of sustained attention in bipolar mania. Mol Psychiatry. 105: 471-9.

Floel , A., Cohen, L.G. (2006). Translational studies in neurorehabilitation: from bench to bedside. Cogn Behav Neurol. 19 (1):1-10.

Foster, C. (2012). Wired For God?: The biology of spiritual experience. Editorial: Hodder & Stoughton.

Fox, K. C. R., Dixon, M. L., Christoff, K. (2016). Functional Neuroanatomy of Meditation: A Review and Meta-Analysis of 78 Functional Neuroimaging Investigations. Neurosci Biobehav Rev. 65, 208-28.

Frackowiak, R.S., Friston, K.J., Frith, C.D., Dolan, R.J., Mazziotta, J.C. (1997). The cerebral basis of functional recovery. In: Human Brain Function. San Diego, Calif: Academic Press. 275-299.

Francisco, Papa. (2015). Laudato si. Punto 81.

Fuchs, T. (2017). Ecology of the brain: phenomenology and biology of the embodied mind (traducción de Gonzalo Arrondo) Oxford: Oxford University Press.

Fulbright, R.K., Molfese, D.L., Stevens, A.A., Skudlarski, P., Lacadie, C.M., Gor, E.J.C. (2000). Cerebral Activation during Multiplication: A Functional MR Imaging Study of Number Processing. Am J Neuroradiol. 21: 1048-54.

Gaitán, L. (2017). "Neuroteología". En Diccionario Interdisciplinar Austral, editado por Claudia E., Vanney I. S., Franck J. F. URL=http://dia.austral.edu.ar/Neuroteología

Gamer, M. (2014). Mind reading using neuroimaging Is this the future of deception detection? European Psycologist. 19, 172-183. https://doi.org/10.1027/1016-9040/a000193

García-López, J. (1976). «La persona humana». Anuario Filosófico, 9, 163-189.

Genon, S., Reid, A., Langner, R., Amunts, K., Eickhoff, S.B. (2018). How to characterize the function of a brain region. Trends in Cognitive Science; 22: 350-364.

Giménez Amaya, J.M. (2010). Entender mejor la libertad: un enfoque interdisciplinar entre Neurociencia y Filosofía. En: C. Diosdado, F. Rodríguez Valls y J. Arana (eds.). Neurofilosofía. Perspectivas contemporáneas. Sevilla: Thémata / Plaza y Valdés; 177-90.

Giménez-Amaya, J. M., Murillo, J. I. (2009). Scripta Theologica. 41 (1): 13-46.

González Hernández, A. (2007). Comentarios sobre la nueva fe del materialismo. Grupo Ciencia, Razón y Fe (CRYF). Universidad de Navarra.

Gonzalez, A.L. y Moros, E. (1991). Introducción, traducción y notas De Potentia Dei, cuestión 3 de Tomás de Aquino. Cuadernos de anuario filosófico.

Gore, J.C. (2003). Principles and practice of functional MRI of the human brain. J Clin Invest; 112: 4-

9.

Granqvist, P. et al. (2005). Sensed Presence and Mystical Experiences Are Predicted by Suggestibility, not by the Application of Transcranial Weak Complex Magnetic Fields, in: Neuroscience Letters. 379, 1–6.

Greyson, B. (2014). Differentiating Spiritual and Psychotic. Experiences: Sometimes a Cigar Is Just a Cigar. Journal of Near-Death Studies. 32(3).

Griffiths, R.R., Richards, W.A., Johnson, M.W. et al. (2008). Las experiencias de tipo místico ocasionadas por la psilocibina median la atribución de significado personal y significado espiritual 14 meses después. Revista de psicofarmacología. 22 (6), 621-632.

Griffiths, R.R., Richards, W.A., McCann, U. y Jesse, R. (2006). La psilocibina puede ocasionar experiencias de tipo místico que tienen un significado personal sustancial y sostenido y un significado espiritual. Psicofarmacología. 187 (3), 268–283.

Gudin, M. (2001). Cerebro y Bioética en Manual de Bioética (Gloria M. Tomás coord.) Ariel, 2001, recogiendo en gran parte las ideas de su libro *Cerebro y Afectividad*. Colección Astrolabio Salud. EUNSA. Pamplona.

Guivarch, J., Piercecchi-Marti, M.D., Poinso, F. (2018). Folie à deux and homicide: Literature review and study of a complex clinical case. Int J Law Psychiatry. 61:30-39.

Gupta, S.S., Mahcshwari, S.M., Shah, U.R., Bharath, R.D., Dawra N.S., Mahajan, M.S., Desai, A., Prajapati,

A., Ghodke, M. (2018). Imaging & neuropsychological changes in brain with spiritual practice: A pilot study. Indian J Med Res. 148(2):190-199. doi: 10.4103/ijmr.IJMR_194_17.

Haller, M., Case, J., Crone, N.E. *et al.* (2018). Persistent neuronal activity in human prefrontal cortex links perception and action. *Nat Hum Behav* 2, 80–91. https://doi.org/10.1038/s41562-017-0267-2

Hamer, D. H. (2004).The God gene. How faith is hardwired into our genes. Doubleday, Nueva York.

Haynes, J.D., Rees, G. (2006). Decoding mental states from brain activity in humans. Nat Rev Neurosci. 7: 523-34.

Henson, R. (2005). What can functional neuroimaging tell the experimental psychologist? Q. J. Exp. Psychol. 58: 193-233.

Herce, R. (2016). "Origen del hombre". En Diccionario Interdisciplinar Austral, editado por Claudia E., Vanney I. S., Franck J. F.. URL=http://dia.austral.edu.ar/Origen_del_hombre

Herrera, H. E. (2011). Más allá del cientificismo. Santiago: Ediciones UDP.

Hidalgo, A. (2006). Materialismo Filosófico. EIKASIA. Revista de Filosofía, 2.

Hoelzel, B.K., Ott, U., Hempel, H., Hackl, A., Wolf, K., Stark, R., Vaitl, D. (2007). Differential engagement of anterior cingulate and adjacent medial frontal cortex in adept Meditators and non-Meditators. Neurosci Lett.

421(1), 16-21. https://mvadillo.com/2013/03/25/gilbert-ryle-y-el-concepto-de-lo-mental/

Introvigne, M. (2010). El hecho de la conversión religiosa. Scripta Theologica. Vol. 42.

Jack, C.R. Jr, Thompson, R.M., Butts, R.K., Sharbrough, F.W., Kelly, P.J., Hanson, D.P., et al. (1994). Sensory motor cortex: correlation of presurgical mapping with functional MR imaging and invasive cortical mapping. Radiology; 190: 85-92.

Jones, A.P., Hugges, D.G., Brette, D.S., Robinson, L., Sykes, J.R., Aziz, Q., et al. (1998). Experiences with functional magnetic resonance imaging at 1 tesla. Br J Radiol. 71: 160-6.

Juan Pablo II, (1994). "Carta a las familias", Ediciones Palabra, Madrid.

Justel, N. y Diaz, V. (2012). Plasticidad cerebral: participación del entrenamiento musical. Suma Psicol. 19 (2). Bogotá July/Dec.

Kapogiannis, D., Barbey, A. K., Grafman, J. (2009). Neuroanatomical Variability of Religiosity. PLoS One, 4 (9), e7180.

Kleim, J. & Jones, T. (2008). Principles of experience-dependent neural plasticity: Implications for rehabilitation after brain damage. Journal of Speech, Language, and Hearing Research. 51(S1), 225-239. doi:10.1044/1092-4388(2008/018).

Koval, S. (2011). Crítica al Dualismo Cartesiano. KubernÉtica, 2-14.

Landtblom, A. (2006). La 'presencia percibida': un aura epiléptica con connotaciones religiosas. Epilepsia y comportamiento, 9 (1), 186-188.

Langleben, D. D., & Moriarty, J. C. (2013). Using brain imaging for lie detection: Where science, law, and policy collide. Psychology, Public Policy, and Law. *19*(2), 222–234. https://doi.org/10.1037/a0028841

Lazar, S.W., Bush, G., Gollub, R.L., Fricchione, G.L., Khalsa, G., Benson, H. (2000). Functional brain mapping or the relaxation response and meditation. Neuroreport. 11 (7), 1581-1585.

Lazar, S.W., Kerr, C.E., Wasserman, R.H., Gray, J.R., Greve, D.N., Treadway, M.T., McGarvey, M., Quinn, B.T., Dusek, J.A., Benson H., Rauch S.L., Moore C.I., Fischl B. (2005). Meditation experience is associated with increased cortical thickness. Neuroreport. 28;16(17):1893-7.

Lázaro Perlado, F., Conde Rivas, M., Caminero Olea, M. V., Baraiazarra Ruiz, J. (2013). Las psicosis de la epilepsia: presentación de un caso clínico y revisión de la literatura. Rev. Asoc. Esp. Neuropsiq. 33 (118).

Ledoux, J. (1999). El cerebro emocional. Barcelona: Planeta.

Lemer, A.G., Gelkopf, M., Skladman, I., Oyffe, I. ,

Finkel, B., Sigal, M., et al. (2002). Flashback and hallucinogen persisting perception disorder: clinical aspects and pharmacological treatment approach. Isr J Psychiatry Relat Sci, 39, 92-9.

Li, A., Yetkin, Z., Cox, R., Haughton, V.M. (1996). Ipsilateral hemisphere activation during motor and sensory task. Am J Neuroradiol. 17: 651-5.

Libet, B.W. (1985). Unconscious cerebral initiative and the role of conscious will in voluntary action. Behav Brain Sci. 8:529-66.

Limb, C.J. (2006). Structural and Functional Neural Correlates of Music Perception. Anat Rec A Discov Mol Cell Evol Biol. 288: 435-46.

Lofland, J. y Skonovd, L. N. (1981). «Conversion Motifs». Journal for the Scientific Study of Religion. 20; (4): 373-385.

López Corredoira, M. (2010). Algunas respuestas a las críticas al materialismo en el problema mente-cerebro. En C. Diosdado, F. Rodríguez Valls, J. Arana, Ed. Neurofilosofía. Perspectivas contemporáneas. Sevilla: Thémata/Plaza y Valdés.

López López, A. F. (2013). Karol wojtyla y el concepto de persona humana. Investigación de tesis de Maestría en Filosofía.

López Sáez, J. A. (2017) ¿Qué sabemos de los alucinógenos? CSIC catarata.

Lorigados-Pedre, L. & Bergado-Rosado, J. (2004). El factor de crecimiento nervioso en la neurodegeneración y el tratamiento neurorrestaurador. Revista de Neurología Española. 38(10), 957-971.

Maestú, F., Quesney-Molina, F., Ortiz-Alonso, T., Campo, P., Fernández-Lucas, A., Amo, C. (2003). Cognición y redes neurales: una nueva perspectiva desde la neuroimagen funcional. Rev Neurol. 37: 962-6.

Maguire et Al. (2000). Navigation-related structural change in the hippocampi of taxi drivers. Proceedings of the National Academy of Sciences . 8 (97): 4398–4403.

Martín Gaitan, L. (2012) ¿Puede la neuroteología ser considerada una disciplina científica? Stoa. 3 (6): 5–29.

Martínez Salio, A. (2009). "Neuroteología". Neurología Suplementos 5(1): 23-27.

Martínez Salio, A. (2009). "Neuroteología". Neurología Suplementos 5(1): 23-27.
Martínez Sánchez, A. (2017). Neurociencia y filosofía. Mente y cerebro (y la analogía de la respiración). http://neurocienciayfilosofia.blogspot.com/2017/02/mente-y-cerebro-y-la-analogia-de-la.html

Martínez, A. y Ríos, F. (2006). Los Conceptos de Conocimiento, Epistemología y Paradigma, como Base Diferencial en la Orientación Metodológica del Trabajo de Grado. Cinta moebio 25: 111- 121 www.moebio.uchile.cl/25/martinez.htm

Martínez-Rosas, A.R., Alonso-Vanegas, M. (2007).

Aspectos Neuropsicológicos de la Resonancia Magnética Funcional. Rev Ecu Neu; 16: 2.

Mathern, G.W., Babb T.L., Mischel, P.S., Vinters, H.V., Pretorius, J.K. (1996). Childhood generalized and mesial temporal epilepsies demonstrate different amounts and patterns of hippocampal neuron loss and mossy fiber synaptic reorganization. Brain; 119 (Pt 3):965-987.

McBrearty, S. y Brooks, A.. (2000). "The Revolution that Wasn't: A New Interpretation of the Origin of Modern Behavior". Journal of Human Evolution. 39: 453-563.

Mock, B.J., Lowe, M.J., Turski, P.A. (1999). Functional Magnetic Resonance Imaging. Vol III. 3a. Ed. Stark DD, Bradley WGJr (eds.) Mosby; 1555-74.

Moreira-Almeida, A. & Cardeña, E. (2011). Differential diagnosis between non-pathological psychotic and spiritual experiences and mental disorders: a contribution from Latin American studies to the ICD-11. Revista Brasileira de Psiquiatria. 33, 1, 529-536.

Moros, E. (2010). Sobre la acción divina en el mundo. Grupo
Ciencia, Razón y Fe. Universidad de Navarra.

Muntané A. (2009). La mente, el cerebro y el alma. Publicaciones Empresa y Humanidades. Tarragona.

Muntané, A., Moro, Mª.L. , Moros, E. R. (2008). El cerebro. Lo neurológico y lo trascendental. EUNSA.

Nagel, T. (1974). What Is It Like to Be a Bat? The Philosophical Review. 83 (4): 435-450.

Naidich, T.P., Yoursay, T.A., Mathews, V.P. (2001). Anatomic Basis of Functional MR Imaging. Neuroimag Clin North Am.

Narbona, J., Crespo-Eguílaz N. (2012). Plasticidad cerebral para el lenguaje en el niño y el adolescente. Revista de Neurología; 54(Supl.1): 127-130.

Newberg, A. (2010). Principles of Neurotheology. England. Ashgate Publishing Limited.

Newberg, A. D., & Rause, V. (2002). Why God Won't Go Away? Brain Science and the Biology of Belief. New York: Ballatine Books.

Newberg, A. B., Waldman, M. R. (2009). How God Changes Your Brain. Ballantine Books.

Offray de La Mettrie J. (1747). El Hombre Máquina. Colección El libertino erudito (Cuenco de Plata). 2014.

Osamu, Muramoto. (2004).The role of the medial prefrontal cortex in human religious activity. Medical Hypotheses. 62, (4): 479-485.

Otto R. (1996). Lo santo lo racional y lo irracional en la idea de dios. Alianza Editorial, Madrid.

Penrose, R. (1999). La nueva mente del emperador. Ed. Grijalbo Mondadori Cap. 5: El mundo clásico.

Perroud N. (2009). Religion/Spirituality and Neuropsychiatry. En P, Huguelet, & H, Koenig (Ed.)

Religion and Spirituality in Psyquiatry. 48-64. New York: Cambridge University Press.

Persinger, M. (1987). Neuropsychological Bases of God Beliefs. Praeger Publishers, New York-London.

Persinger, M. A. (1983). "Religious and Mystical Experiences as Artefacts of Temporal Lobe Function. A General Hypothesis". Perceptual and Motor Skills. 57: 1255-1262.

Persinger, M. et al. (2010). «The Electromagnetic Induction of Mystical and Altered States Within the Laboratory». Journal of Consciousness Exploration & Research. 1 (7): 808-830.

Pinker, S. (2001). Cómo funciona la mente. Barcelona: Destino.

Poldrack, R.A. (2010). Mapping Mental Function to Brain Structure: How Can Cognitive Neuroimaging Succeed? Perspectives on Psychological Science. 5: 753-61.

Poldrack, R.A., Halchenko, Y.O., Hanson, S.J. (2009). Decoding the large-scale structure of brain function by classifying mental states across individuals. Psychol Sci. 20: 1364-72.

Polkinghorne, J. (2000). Ciencia y teología. Sal Térrea.

Polo, L. (1965). ¿Qué es el hombre-Un espíritu en el mundo? Madrid: Rialp.

Polo, L. (2004). El yo. Cuadernos de Anuario Filosófico. Pamplona: Servicio de Publicaciones de la Universidad de Navarra.

Polo, L. (2006). La esencia humana. Pamplona: Servicio de Publicaciones de la Universidad de Navarra.

Polo, L. (2015). Curso de teoría del conocimiento I, EUNSA.

Popper, K. (1934). La lógica de la investigación científica. Traducido por Víctor Sánchez de Zavala (1ª edición). Madrid: Editorial Tecnos (publicado el 1962).

Popper, K. and Eccles, J. C. (1983). The Self and its Brain. Ed. Routledge & Keagan Paul plc; Capítulo E-2: Conscious perception.

Popper, K., Eccle,s J. (1977). The Self and Its Brain. An Argument for Interactionism, Springer, Berlin.

Putnam, H. (1960). Minds and Machines. En: Sydne y Hook, editores. Dimensions of Mind. New York: New York University Press. Fodor JA. La explicación psicológica. Madrid: Cátedra; 1980.

Raichle, M.E. (2009). A brief history of human brain mapping.

Ramachandran, V. S. (1998). Phantoms in the Brain: Probing the Mysteries of the Human Mind. Nueva York: William Morrow.

Ramón y cajal, S. (2011). "Reglas y consejos sobre la investigación científica. Los tónicos de la voluntad". S.L.U.

Espasa Libros.

Rao, S.M., Biner, J.R., Bandetitni, P.A., Hammke, T.A., Yetkin, F.Z., Jesmanowicz, A. , et al. (1993). Functional magnetic resonance imaging of complex human movements. Neurology. 43: 2311-18.

Reinoso-Suárez, F. (2018). El ser humano desde la neurociencia y la trascendencia. ANALES RANM [Internet]. Real Academia Nacional de Medicina de España. 3;135 (01):96–100. DOI: http://dx.doi.org/10.32440/ar.2018.135.01.dle03

Rial, A. (2016). Repensar el cerebro: secretos de la neurociencia. Universitat de Valencia. Servei de Publicacions.

Robertson, I. & Murre, J. (1999). Rehabilitation of brain damage: Brain plasticity and principles of guided recovery. Psychological Bulletin. 125(5), 544-575. Doi: 10.1037/0033-2909.125.5.544.

Rogers, S. & Paloutzian, R. (2006). Schizophrenia, Neurology, and Religion: What Can Psychosis Teach Us about the Evolutionary Role of Religion? En P, McNamara (Ed.). Where God and Science Meet. How Brain and Evolutionary Studies Alter Our Understanding of Religion. Vol 3. The Psychology of Religious Experience (pp. 161-186). EE.UU: Praeger Publishers.

Rosen, B.R. , Savoy, R.L. (2012). fMRI at 20: has it changed the world? Neuroimage ; 62 : 1316-1324.

Ross, J.S., Tkach, J., Ruggieri, P.M., Lieber, M., Lapresto, E. (2003). The Mind' s Eye: Functional MR

Imaging Evaluation of Golf Motor Imagery. Am J Neuroradiol. 24: 1036-44.

Rubia, F. J. (2009). La conexión divina. La experiencia mística y la neurobiología. Barcelona: Crítica.

Runggaldier, E. (2013). Neurociencia, Naturalismo y Teología. Teología y Vida. Vol. LIV, 763-779.

Ryle, G. (2013). El concepto de lo mental. Posted on 25/03/2013 by Miguel A. Vadillo.

Sahagún, B. Fr. (1985). Historia General de las cosas de Nueva España. México: Porrúa.

Sanguineti, J. J. (2015). El desafío antropológico de las neurociencias. Neurociencia, filosofía y teología. Rivista di scienze dell'educazione. Pontificia facoltà di scienze dell'educazione. Auxilium anno LIII. Numero 3. 383-400.

Sanguineti, J. J. (2016). Síntesis de la presentación hecha en el Seminario "Persona, mente y cerebro". CEOP Universidad del Norte Santo Tomás de Aquino (Buenos Aires). Proyecto "El cerebro y la persona" del Instituto de Filosofía de la Universidad Austral.

Schjoedt, U., Stødkilde-Jørgensen, H. W. , Geertz A., and Roepstorff, A. (2009). Highly religious participants recruit areas of social cognition in personal prayer. SCAN. 4,199–207.

Schultes, R.E. (1957). The identity of the malpighiaceous narcotics of South America. Bot Mus Leaf Harv Univ. 18, 1-56.

Searle, J. (2006). La mente, una breve introducción. Bogotá: Norma.

Searle, J. R . (2018). Ver las cosas tal como son. Una teoría de la percepción. Catedra, Madrid.

Sesé J. (2014). Mística. Diccionario de San Josemaría Escrivá de Balaguer. Editorial Monte Carmelo.

Sharma, T. (2003). Insights and treatment options for psychiatric disorders guided by functional MRI. J Clin Invest. 112: 10-18.

Shen, G., Horikawa, T., Majima, K., Kamitani, Y. (2019). Deep image reconstruction from human brain activity. PLoS Comput Biol 15(1): e1006633. https://doi.org/10.1371/journal.pcbi.1006633

Siegle, G.J., Carter, C.S., Thase, M.E. (2006). Use of fMRI to Predict Recovery From Unipolar Depression With Cognitive Behavior Therapy. Am J Psychiatry. 163: 735-8.

Slater, E., Beard, A.W. (1963). Las psicosis de la epilepsia similares a la esquizofrenia: Aspectos psiquiátricos.The British Journal of Psychiatry. 109 , (458): 95-112.

Soler , FJ. (2013). Mitología materialista de la ciencia (Ensayo nº 497). Ediciones encuentro, S.A. Madrid.

Spaemann,R. (1997)   "¿Es todo ser humano una persona?". Persona y Derecho. 37: 9-23.

Spencer, P.S., Ludolph, A.C., & Kisby, G.E. (1993). Neurologic diseases associated with use of plant components with toxic potential. Environ Res. 62, 106-13.

Taber, K.H., Hurley, R.A. (2007). Neuroimaging in schizophrenia: misattributions and religious delusions. J Neuropsychiatry Clin Neurosci. Winter. 19(1):iv-4.

Thulborn, K.R. (2002). Clinical Funstional MR imaging en Magnetic Rosonance Imaging of the Brain and Spine. 3rd Ed. by Scott W. Atlas. Philadelphia: Lippinocott Williams & Witkins.

Trends Neurosci ; 32: 18-126.

Turbón, D. 2006. La evolución humana. Barcelona: Ariel.

Urgesi, C. , Aglioti, S.M. , Skrap, M., Fabbro, F . (2010). El cerebro espiritual: las lesiones corticales selectivas modulan la auto trascendencia humana. Neurona. 65 (3): 309-19.

Valenzuela Osorio, V. (2018). "Enfoques y postura crítica de la relación entre teología y neurociencias". Theologica Xaveriana. 185: 1-XX. https://doi.org/10.11144/javeriana.tx68-

Valiente, B. C. (2011).Estudio neuropsicológico de funciones ejecutivas en religiosas meditadoras contemplativas. Universidad Complutense de Madrid.

Facultad de Psicología. Departamento de Psicología Básica II (Procesos Cognitivos). Madrid.

Van Der Leeuw, G. (1970). La Religion dans son essence et ses manifestations. Phénoménologie de la religion, Paris: Payot , 517-518.

Vendrell, P., Junque, C., Pujol, J. (1995). La resonancia magnética funcional: Una nueva técnica para el estudio de las bases cerebrales de los procesos cognitivos. Psicothema. 7: 51-60.

Verhoeven, J.S., De Cock, P., Lagae, L., Sunaert, S. (2010). Neuroimaging of autism. Neuroradiology. 52: 3-14.

Wasson, R.G. (1961). The hallucinogenic fungi of Mexico: an inquiry into the origins of the religious idea among primitive peoples. Bot Mus Leaf Harv Univ. 19, 137-162.

Wojtyla, K. (2011). Persona y acción. Madrid: Palabra.

Wojtyla, K. (2005). El hombre y su destino. Ensayos de antropología. Madrid: Palabra.

Wojtyla, K. (2010). Mi visión del hombre. Hacia una nueva ética. Madrid: Palabra.